苗德岁
给孩子
讲生命的故事

自然史
ZIRAN SHI

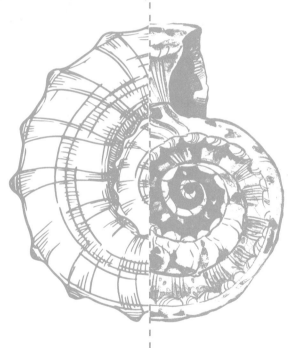

[美] 苗德岁 著 庞坤 绘

接力出版社
Publishing House

图书在版编目（CIP）数据

自然史 /（美）苗德岁著；庞坤绘 . —南宁：接力出版社，2022.8
（苗德岁给孩子讲生命的故事）
ISBN 978-7-5448-7776-3

Ⅰ . ①自… Ⅱ . ①苗… ②庞… Ⅲ . ①自然科学史—世界—少儿读物 Ⅳ . ①N091-49

中国版本图书馆CIP数据核字（2022）第125082号

责任编辑：车 颖 封面设计：王 雪 美术编辑：林奕薇
责任校对：阮 萍 李姝依 高 雅 责任监印：刘 冬
社长：黄 俭 总编辑：白 冰
出版发行：接力出版社 社址：广西南宁市园湖南路9号 邮编：530022
电话：010 - 65546561（发行部） 传真：010 - 65545210（发行部）
网址：http://www.jielibj.com E - mail:jieli@jielibook.com
经销：新华书店 印制：北京顶佳世纪印刷有限公司
开本：787毫米×1092毫米 1/16 印张：10.5 字数：150千字
版次：2022年8月第1版 印次：2022年8月第1次印刷
印数：0 001—8 000册 总定价：135.00元（全3册）

目　录

布丰与自然史写作背景

布丰是谁？

布丰
（1707—1788）

18世纪法国启蒙运动

你们听说过哥白尼、开普勒、伽利略、哈维、牛顿这些外国人的名字吧？这些伟大的科学家和历史名人，都生活在16、17世纪的欧洲。那时候，欧洲资本主义正在兴起，整个社会对科学技术产生了强烈的需求，因此，许多国家在天文、物理、化学、生物、医学等领域，发生了深刻的思想革命。人们逐渐认识到：地球不是宇宙的中心，我们之所以能脚踏"实地"，是由于万有引力的作用，我们体内的血液是不停循环的等科学事实。这就是通常所说的"第一次科学革命"。

发源于欧洲的这场科学革命持续到了18、19世纪。由于受到科学革命的冲击与影响，17—18世纪的欧洲又发生了一场哲学与文化的启蒙运动，它倡导科学与理性精神，支持社会、政治及经济改革。启蒙运动的中心在巴黎，最具影响力的人物包括卢梭、孟德斯鸠、伏尔泰以及布丰等。

卢梭与孟德斯鸠都是法国著名哲学家、思想家和政治理论家，伏尔泰是法国大文豪，那么布丰是谁呢？

布丰是法国著名自然科学家、文学家、博物学家。他于1707年9月7日出生在法国南部勃艮第省蒙巴尔镇。他父亲是执业律师，又是第戎议会的议员；他母亲的出身更不一般。布丰是这对夫妻的长子。布丰原名叫乔治·路易·勒克莱尔，后来怎么又成了德·布丰呢？

改名换姓为哪桩？

　　这还得从勒克莱尔的家世说起。布丰的祖上以务农为生，他的曾祖父跟镇上的剃头匠学会了理发以及推拿手艺，慢慢地攒了一些钱，供布丰的祖父上了医学院，成了乡镇医生。布丰的父亲则上了法学院，成了律师。尽管财富的积累过程很慢，但由于布丰家族有长寿基因，代代都活得挺长（90岁以上），又都能勤俭持家，到了布丰父亲这一辈，倒也成了殷实之家。

不过，布丰家的财富主要还是来自母亲家中。布丰的母亲有个叔叔很富有，却没有孩子，布丰的父母请他做了小布丰的教父。教父夫妇去世后，把财产留给了小布丰。布丰的父亲用这一大笔遗产买下了贵族布丰名下的封地。1732年，布丰承继了这一显赫贵族的姓氏。

富贵子弟不纨绔

布丰的父母十分重视对子女的教育。布丰很小就跟母亲学习认字，到了上学的年龄，又被送进教会学校读书。他从小就是一名好学生，尤其喜欢数学与自然科学，并显露了不凡的天赋。布丰后来说，他的智力与操守都是从聪颖贤惠的母亲那里继承的。他13岁那年，父亲又在第戎城内买了房，举家搬往城里。布丰进了著名的第戎天主教学堂，伏尔泰也曾是这里的学生。

布丰16岁进入第戎法学院，不到19岁就毕业了。毕业后，他去昂热尔医学院当见习生，继续钻研数学、物理并学习植物学与医学。然而，这么好的学生偶尔也会惹麻烦。他在昂热尔医学院没待多久，就不得不离开——到底出了啥事？

"塞翁失马，焉知非福？"

布丰在昂热尔医学院见习时，不知为何跟一位同学发生了争执，据说可能是为了追求同一个女孩。总之，当时两人都年轻气盛，还"约架"决斗了一场。之后，布丰被迫离开昂热尔，悄悄地回到了第戎。谁知他这次蒙羞归来却时来运转。

小贵族巧遇大贵族

此次布丰重回第戎的最大收获，是结识了一位来欧洲大陆旅行，比自己还小4岁的年轻英国公爵——金斯敦，两人成了非常要好的朋友。金斯敦公爵2岁丧父，9岁丧母，19岁时在祖父去世后便继承了爵位，成为金斯敦公爵二世。

英国贵族有安排子弟到欧洲大陆游历的传统，以使他们开阔眼界，增长见识。此次陪同金斯敦公爵旅欧的，是他的家庭教师、博物学家希克曼。虽

说是老师，但希克曼比金斯敦与布丰其实大不了几岁。不过，希克曼受过医学以及博物学教育，精通绘画等艺术，而且知识广博。布丰除了不太喜欢希克曼抽烟斗之外，跟他也相处甚好。因此，在余下的欧洲旅程中，金斯敦公爵邀请布丰与他们同行。他们去了南特、蒙彼利埃、里昂、日内瓦、米兰、佛罗伦萨、罗马等地。对在小地方长大的布丰来说，这次旅行真是令他大开眼界！他对南特这一商业城市的繁华惊诧不已。他在意大利所见的各种地质现象，竟使他萌生当地质学家的念头。总之，旅行归来的布丰，已经不甘于待在第戎与蒙巴尔这种小城镇了，他要去大地方闯荡一番。

下一站是哪里？

奔向大都会巴黎

布丰旅欧归来之后，开始认真地规划自己的人生。他羡慕南特富商的生活方式，向往罗马众多的歌剧院以及浓郁的艺术氛围，并立志继续自己的科学研究生涯，因此，巴黎自然是他的首选地。1732年7月，不到25岁的布丰移居巴黎，要在那里谋求职业发展。

布丰一再告诫自己：人生要有目标，不能局限自己，要不断进步。当然，他之所以敢于只身闯荡大都会巴黎，是因为有许多得天独厚的优势：除了头顶贵族的名号和雄厚的经济实力之外，布丰自身也不简单。前面谈到他曾受过良好的教育，尤其在数学方面（如微积分与概率论）颇有造诣，并具有丰富的博物学知识。

不过，我想顺便纠正一个在各类百科条目以及某些书中的误传，即"布丰在20岁时就先于牛顿发现了二项式定理"。事实是，牛顿在1664—1665年间提出二项式定理时，布丰还没出生，因此这一说法是不可能成立的！因此，你们从小就要明白"读书不能尽信书"的道理，一定要养成独立思考的好习惯。

入住国王首席药剂师的府邸

像当今的"北漂"一样,初到巴黎的布丰,头等大事,是先找个安身之所。人若是走运的话,那好运气是谁也挡不住的!你们猜怎么着?

布丰竟撞大运找到了一处非凡的住所——房东是博尔达克先生,他是当时法国国王的首席药剂师、皇家科学院院士、皇家植物园化学教授。《布丰传》作者罗歇先生写道:"天晓得布丰是怎么搭上博尔达克先生的!"

迈进科学院门槛

助理研究员

当上了博尔达克先生的房客，是布丰迈入
法国科学院大门的关键一步。

那时的法国科学院跟现在不同，不光是一
个荣誉机构，而且是一个研究机构。它的研究
人员分三级——助理研究员、副研究员与带薪
研究员，只有带薪研究员是拿工资并享受退休
福利的。虽然助理研究员与副研究员不拿工资，
但是有许多其他福利与特权，除了职务的名声
之外，他们可以自由选择研究课题、获得研究
经费以及发表论文，还有获得官方职位的捷径
等。因此，法国科学院是当时许多知识青年十
分向往的地方。

进入科学院当助理研究员，主要靠推荐，只要科学院的学术大咖们觉得
你是可造之材，你就有机会进去，但需要等候空缺位置。博尔达克先生十分
赏识布丰，乐意推荐他进入科学院。布丰则提交了一篇比较新颖的、将几何
应用于概率论与微积分的论文。

副研究员

1734年春，不到27周岁的布丰便当上了法国科学院力学部的助理研究员。当时的法国科学院分为六个学部：几何学部、天文学部、力学部、解剖学部、化学部与植物学部。十分有趣的是，布丰是被化学部院士推荐的，提交的是跟几何学相关的论文，却得到了力学部助理研究员的空缺位置。

贵人相助，如虎添翼

哈佛大学等美国常春藤名校中流行一种说法：你懂什么并不重要，重要的是你认识什么样的人（It doesn't matter what you know, it only matters who you know）。从结识金斯敦公爵到成为博尔达克先生的房客，布丰处处得到贵人相助，但他的好运还在后面呢！

重返故乡蒙巴尔

就在布丰的朋友们忙着把他拉进科学院之时，他于1733年春从巴黎返回出生地蒙巴尔。此时，对布丰来说，自己能否进入科学院，基本上已无悬念，由于知道有好几位大人物正在幕后极力帮助他，他已稳操胜券。为了尽快地在科学院一显身手，他迫不及待地要回乡操办一件大事。

建立木材实验基地

一般说来，但凡在事业上成功的人，至少都要具备以下三方面的特质：1.心中有清晰的奋斗目标；2.善于捕捉机遇；3.擅长利用人脉。而布丰在这三方面的表现，几乎都是无与伦比的。

首先，虽然此时布丰对进科学院已信心满满，但他知道，他最想进的植物学部当时并没有空缺位置。尽管自己在数学方面有一定造诣，但布丰深知自己真正的兴趣和长处在博物学（尤其是植物学）方面。他的目标是最终进入科学院植物学部。

其次，他获悉监管法国科学院的莫尔帕伯爵是王室事务总管兼海军部长，莫尔帕伯爵两年前（1731年）曾指示科学院去研究如何增强树木木质的韧性与强度，以便为海军部制造军舰提供优质木材。尽管植物学部有一位杜哈梅尔院士正在从事这方面研究，但他苦于没有大片的苗圃栽种树木，实验研究受到了很大限制。布丰即刻捕捉到这一极好的机遇，因为他老家蒙巴尔有很多土地，还有40年前种植的一片树林，那将是绝佳的实验基地。

此外，在故乡，他还有很好的人脉。这一次布丰的"贵人"又会是谁呢?

"讨了便宜还卖乖"

布丰的故乡勃艮第省的省长孔代，是国王的儿子。孔代王子有收集矿物标本的嗜好，因布丰精通博物学，之前曾帮助他收集过不少珍贵的矿物标本。

此次返回故里，布丰把蒙巴尔家中的旧宅子拆除，又把邻近的几栋建筑买下并拆除，然后在旧址上修建了他称之为"城堡"的豪宅。

为了扩大苗圃，种植大批新树，还得占用周围的一些"官地"，为此，他找到老朋友孔代王子。除了搬出为海军部研发项目建立实验基地的理由外，布丰还说这也是为家乡做慈善事业，因为他修建新居与开荒造林，需要雇用200多名劳工，这无疑帮助王子解决了这些人的就业问题。尽管有些人认为布丰这是变相侵占国土，孔代王子却大笔一挥就批准了！

明明是孔代王子贵人出手相助，布丰反倒"讨了便宜还卖乖"，落了个做慈善的美名。

既然布丰已决定去巴黎发展，为什么现在又回到故乡大兴土木修建豪宅呢？

典型的绅士科学家

其实，在蒙巴尔长大的布丰，在巴黎住了半年多后，并不喜欢"帝都"的喧闹、拥挤与污染。他更喜欢在蒙巴尔能亲近大自然，每天能在自己的森林中散步。更重要的是，在蒙巴尔他就是一言九鼎的主人！

现在，他在蒙巴尔修建了宫殿一般的豪宅，并有视野极好的宽敞办公室以及大片的实验基地，自此，他每年都在巴黎与蒙巴尔各住约半年时间。他的很多研究工作与写作是在蒙巴尔完成的。在巴黎期间，更多的则是开会、处理行政事务与社交应酬。

布丰一生集地主乡绅与科学家于一身，在两种角色间游刃有余，是一位典型的绅士科学家。比如，他后来把自己培育的森林卖了一片（曾是孔代王子批给他的一部分"官地"）给省政府，赚了很大一笔钱。他用售卖土地的收益来支持自己的科学研究，又通过科学上的建树，加速职务升迁，提高社会地位与影响，获得丰厚的经济回报。

植物与森林学研究结硕果

为了更好地研究树木的生长，布丰转向植物生理学。为此，他翻译了英国博物学家海尔斯的《植物生理学与空气分析》一书。为了改进木材的强度与韧性，他在实验林中，用不同土质的土壤培植不同品种的树木，并把一些树的树皮扒去，看是否能改善树木的呼吸。他还用数理力学知识，来检验树木不同部位的木材的强度与韧性的差异。据此，他发表了多篇森林学、植物生理学、木材力学方面的研究论文。

这一时期的研究很快给布丰带来了意想不到的巨大收获。

"机遇只眷顾有准备的人"

这是布丰之后一位名叫巴斯德的法国科学家所说的一句励志名言。用它来形容布丰一生的成功，是再合适不过的了。

上一节讲到的布丰从事的一系列植物学、木材力学方面的研究，引起了王室事务总管兼海军部长莫尔帕伯爵甚至法国国王的注意。

1739年3月18日，布丰接到通知，将他从力学部调到植物学部。这不仅实现了他由来已久的愿望，而且是他人生中意想不到的转折——不久，一块更大的"馅饼"就会从天而降，落到他的手上！

　　就在布丰调入植物学部8天之后，该学部一位带薪研究员病故。科学院上报了三位候选人名单，请海军部长挑选并审定其中一人晋升为带薪研究员。三位候选人名单包括副研究员朱西厄以及助理研究员布丰。5月底，国王任命朱西厄为带薪研究员，布丰则补上了朱西厄原来的位置——晋升为副研究员。

　　更重要的是，不久，布丰受到国王路易十五的召见。国王问他如何改善王宫四周以至巴黎市区的植物景观，他的回答使"龙颜大悦"。国王又问他是否愿意出任王宫园林总管，布丰想了想，竟礼貌地拒绝了。国王不仅没有发火，反而奖赏他2000利佛尔（法国旧币），以补偿布丰此前的科研花费，并鼓励他继续从事这方面的研究。

　　也许有人会想不通：为什么布丰竟会拒绝国王亲授的王宫园林总管一职呢？

"燕雀安知鸿鹄之志"

　　尽管王宫园林总管的头衔听起来很不错，但布丰并不想只当国王手下的一个行政官员。他想继续从事博物学研究，因而也不舍得离开科学院。其实，他深藏心底的奋斗目标是皇家植物园总管的职位。皇家植物园不仅隶属法国科学院，而且皇家植物园总管是路易十五王朝最高的科学职位。当然，他心里也很清楚，从年龄、资历等各方面考虑，他距离实现这一目标都还十分遥远。然而，他觉得，人不可有奢望，但绝不可无志向。他不能为了王宫园林总管这一眼下诱人的官职，而放弃自己的奋斗目标和远大志向。中国有句话叫"人无远虑，必有近忧"，凡事皆要站得高，看得远才行。

　　觐见国王路易十五之后，布丰发现国王非常重视农业、林业以及植物学研究。他决心不负国王的期许，不久就返回蒙巴尔，继续他的植物学、森林学、木材力学的研究项目。

梦想成真来得快

1739年仲夏，正在故乡蒙巴尔做实验且避暑的布丰，收到了巴黎的来信。他的朋友告诉他：现任皇家植物园总管杜费伊因患天花突然于1739年7月16日病逝。

布丰得知这一消息后，立即给他在科学院上层的支持者写了一封情真意切但又十分得体的自荐信。他在信中首先对杜费伊先生的逝世深表悲痛，紧接着高度赞扬了杜费伊先生执掌皇家植物园期间的巨大贡献。然后，他历数自己作为继任者的各项有利条件：年富力强，科研成果有目共睹，有志于把皇家植物园建成世界博物学研究中心，莫尔帕伯爵乃至国王陛下都了解他的工作……最后表示，在年龄与资历方面，科学院一定有其他同事目前比自己更适合接任这一职位，如果此次未被选中，完全能够理解，并会继续努力工作。

1739年7月25日，莫尔帕伯爵将举荐布丰接任皇家植物园总管的"折子"上呈国王，次日，国王正式任命布丰接任皇家植物园总管，年薪3000利佛尔。此时的布丰还未满32周岁！

为了安抚植物学部的杜哈梅尔院士（一般认为他是理所当然的皇家植物园总管接任者）以及部分"民意"，莫尔帕伯爵同时任命杜哈梅尔院士为海军部总督察官。

情商更比智商高

布丰被破格提拔为皇家植物园总管这件事，再次印证了我们前面谈到的成功人士三要素，即奋斗目标明确，善于捕捉机遇，擅长利用人脉。同时还说明，在职场上，高情商往往比高智商更重要。总之，"男儿当自强"，自己要有真才实学，你才不会与机遇失之交臂。

接下来，我们看看布丰这个总管当得怎么样。

执掌皇家植物园长达49年

直到1788年病逝，布丰在此后近半个世纪的时间，一直执掌皇家植物园。他呕心沥血，勤奋工作，与宫廷保持亲密的关系，确保政府对植物园的大力支持。在植物园内，则知人善任，网罗了众多一流的科研人员，并竭尽全力搜集世界各地的博物学标本与图书资料。他还积极开展科研活动，著书立说，不仅为自己赢得了博物学集大成者的崇高声誉，也把皇家植物园办成了当时世界上首屈一指的博物学研究机构。他真可谓是鞠躬尽瘁，不负众望。

· 1820年前后的巴黎皇家植物园（现称"巴黎植物园"）·

"一分辛劳一分才"

我国著名数学家华罗庚先生曾写过以下诗句："勤能补拙是良训，一分辛劳一分才。"这用在布丰身上，也是最合适不过的了。显然，华老前一句诗中的"勤能补拙"是自谦之词，他与布丰当然都不笨，但他们之所以各自做出了巨大的成就，却都与他们的勤奋密不可分。

布丰从不浪费一分一秒的时间，堪称"工作狂"。他五十年如一日，每天工作14小时，直到临终。据布丰晚年回忆，他年轻时"贪睡"，因为晚上工作得很晚，早晨醒不来，于是他想了个办法——请老仆人约瑟夫每天早晨6点钟之前必须叫醒他，哪怕自己发脾气，也要硬把他拖起来。成功后，则每次奖赏约瑟夫1克朗法币。有一天早晨，布丰实在太疲劳，爬不起来，在经过一番拖拉之后，约瑟夫只好把布丰的被子和床单掀到地上，还往他头上浇了冷水。布丰起来后，不但不发火，还乖乖地给了约瑟夫1克朗！

此外，他对约瑟夫的功劳一直念念不忘，评价极高。

写作《自然史》

老仆助我10卷书

布丰给世人留下的最大遗产，是他编写的长达36卷的《自然史》。布丰生前不止一次说过，他花40年写了36卷《自然史》，其中至少有10卷要归功于老仆约瑟夫。若不是约瑟夫每天清晨叫醒他，写书的时间早都被他睡掉了。

这件事，足可体现"做事要持之以恒"的重要性。无论有多么远大的志向，都要通过一分一秒、一步一个脚印的踏踏实实劳作来实现。

"天才就是更有耐心"

布丰曾被誉为"像大自然一样伟大的天才"，但是，他深信：天才就是更有耐心。本书一开始提到他祖上几辈人积累家产的过程，靠的是耐心。布丰花了40年写作《自然史》，在一定程度上，靠的也是他的耐心与坚持。

"百科全书派"核心人物之一

18世纪，法国启蒙思想家中涌现了一批博学广识、百科全书型的学者，他们在各自领域内几乎无所不知。他们中包括孟德斯鸠、狄德罗、卢梭、布丰、伏尔泰等，这个学术圈子也被称为"百科全书派"。后来，由狄德罗牵头，编纂了《百科全书，科学、艺术和工艺详解词典》(以下简称《百科全书》)。

布丰参加了《百科全书》的编写，在这一过程中，他萌生了编写一部博物学百科全书的想法。后来，这就是著名的《自然史》，也有人译作《博物志》。

德尼·狄德罗
(1713—1784)

开弓没有回头箭

　　1748年，布丰披露了他写作《自然史》的计划与大纲。次年，就出版了《自然史》的头3卷，其中包括"自然史方法论""地球形成概论""动物通史""人类史"与"人种演变史"。头3卷一问世，顿时在欧洲引起了热烈反响，而且很快有了欧洲各种文字的译本。《自然史》内容丰富且文字优美，在科学界与文学界都广受好评。

　　可以想见，作为皇家植物园总管，布丰的行政事务十分繁杂，还要进行许多科研工作，在他余生40多年中，编写《自然史》耗费了他巨量的精力。但布丰是有雄心大志、想青史留名的人，他决计要完成这一巨著。尽管他也有几位助手及合作者，但从文风的一致性判断，即便部分内容可能出自他人之手，他也都亲手修改和润色过。

皇皇巨著内藏玄机

布丰在《自然史》中描写了地球、矿物、动物与人类。他借助皇家植物园丰富的标本收藏，基于大量第一手的观察与描述资料，形象地勾画出地球以及生命演进的历史。值得特别指出的是，他在书中表达了许多唯物主义自然观，是与当时的传统观念与宗教立场格格不入的。他巧妙地把这些"异端邪说"暗藏在皇皇巨著当中，逃过了审查，并用他皇家植物园总管的身份以及莫尔帕伯爵作为保护伞。《自然史》在当时从一定程度上起到了思想启蒙的作用。达尔文在《物种起源》中就曾指出，布丰是"近代以科学眼光探讨物种起源问题的第一人"。

在接下来的第二部分，让我们通过介绍《自然史》的精华内容，一起来寻找他超越时代的真知灼见，一同来欣赏他如椽巨笔下的优美文字吧。

自然史精粹节选及解析

怎样对生物进行分类？

布丰在《自然史》总论中，首先讨论了研究自然史的一般方法，比如怎样对大自然的万物进行分门别类。其次，他讨论了有关地球的一般理论问题，比如太阳系以及地球是如何形成的。尽管他的一些观点现在看起来过时了，有的甚至是错误的，但在当时来说，他的不少观点是很超前的，尤其对挑战宗教迷信，曾有着十分重要的意义与深刻的影响。

为什么要对生物进行分类？

我们周围有众多形形色色的动物和植物，生物学家们为了更便利地研究它们，首先要对它们进行科学的分类与命名。这就像图书管理员要先把各种图书分类编号，然后放在不同的书架上，便于寻找一样。

这件事看似简单，但要把成千上万种不同的动植物合理地分门别类，并给予不易重复的名称，其实也不容易呢！想想看，我们中有多少同名的王伟、张杰和李娟呀？但是，跟布丰同时代的一位叫林奈的瑞典人，却想出来一套聪明的办法，我们至今还在用呢！

林奈的生物分类系统与"双名法"

林奈与布丰出生于同一年（1707年），两人都是18世纪最为杰出的博物学家。林奈也是植物学家，他跟布丰一样，有志于了解大自然，但跟布丰不同的是，林奈是坚定的"神创论"者，他坚信：大自然是上帝创造的，因而是井然有序的。林奈一生致力于为大自然建构秩序，而对自然界的万物进行分类和命名，就是他要实现这一目标的具体方式。为此，林奈建立了生物分类系统，并发明了命名动植物的"双名法"。

林奈
(1707—1778)

阿猫阿狗各有其名

　　林奈与布丰的时代，欧洲列强向外扩张，各国派出探险家和博物学家，到遥远的地方去考察。他们带回在世界各地发现的奇特动植物标本，并按照个人的喜好与方法来命名。这样一来，在不同的命名人之间，相同的物种往往有了不同的名称，或者不同的物种却有了相同的名称。比如，我们通常称作菠萝的水果，在台湾地区则称为凤梨，英语叫pineapple。不同的语言，对这种水果都有各自不同的名称，但是，在生物学中，它的科学名称即学名只有一个：*Ananas comosus*。这样一来，世界各国的生物学家都知道它是什么。这就是根据林奈提出的"双名法"，用拉丁文来命名。该名称由两部分组成：前一部分*Ananas*是"属"名，开头字母大写，后一部分*comosus*是"种"名，全部为小写字母，两部分合在一起才是这一物种的全名。因此，这种命名法便称作林奈的"双名法"，是目前世界通行的生物命名法。

林奈体系传天下

　　林奈不仅创建了生物分类命名法，还曾亲自命名了4000多种动物、近8000种植物以及数千种昆虫、鱼类和贝类。他以自己不懈的努力，结束了过去博物学分类命名上的乱象，为如今国际通用的现代生物分类命名体系打下了坚实的基础。林奈的《植物物种名录》与《自然系统》分别成为现代植物命名法、动物命名法的起点，因而被视为现代生物分类和命名的开山之作。林奈分类命名体系的标准化与实用性，使得它在世界范围内被博物学家们迅速采用，连布丰执掌的皇家植物园也于1774年采用了林奈的生物分类命名体系。

　　作为生物学领域百科全书式的人物，林奈当时的声誉如日中天，到了晚年，几乎当选了欧洲所有国家科学学会的会员。至少在法国之外，林奈的名声远远超过了布丰。

布丰有点儿不高兴了

　　布丰在《自然史》第一卷总论中，用了大量的篇幅，实际上是不点名地

批评了林奈。有人认为，这大概出于布丰对林奈的嫉妒。不过，在我看来，一方面，布丰对林奈可能委实有种"既生瑜，何生亮"的心结。另一方面，如果说布丰在自己如此看重的皇皇巨著中吐槽林奈，是单纯地出于嫉妒之心，那也未免太低估布丰了。事实上，他与林奈在哲学思想与学术观点上，确实存在着不少重大的分歧。了解他们之间的这些分歧，不仅有助于理解《自然史》总论的核心内容，也有助于我们了解生物进化论的起源与发展历程。其实，布丰与林奈之间主要的分歧就在于大自然究竟有没有秩序。

把马与斑马放在一起真的自然吗？

在《自然史》中，布丰暗讽林奈最经典的一个例子是：布丰指出，在农场里，我们通常见到狗在尾随着马儿，这才是自然的画面。如果在一幅画中，把马与斑马放在一起，这能称为自然吗？

显然，布丰的上述质问与暗讽的确很聪明，不过很明显也是一种狡辩。从亲缘关系上看，跟马更接近的当然是斑马而不是狗。从生态（即某一生物与周围其他生物及环境之间依存和互动的关系）方面考虑，跟马更接近的当然是狗而不是斑马了。

这只能说明布丰与林奈的研究视角不同，因此学术观点也很不一样。如果各持己见的话，那就如同盲人摸象一样。

什么是物种？

布丰认为物种是可变的，区分物种的唯一标准是，如果一群动物中雌雄交配产下的后代仍然有生育能力的话，它们就属于同一个物种；否则就是不同物种。这一观点至今还是正确的。

此外，布丰认为所有动物有着共同的祖先。这在18世纪是极为危险的大逆不道的想法，不仅林奈难以认同，更会激起宗教界的反对，布丰对此是心知肚明的。因此在《自然史》中，他并没有十分露骨地表达上述观点。不过，对于地球年龄的估算，却给他招来着实不小的麻烦呢。

地球的形成与年龄

　　到目前为止，在浩瀚的宇宙中，地球是已知唯一有生命存在的星球，也是人类赖以生存的家园，因此，自古以来，我们对地球是如何起源的以及它究竟有多大年纪，一直充满着好奇。布丰自然也不例外，在《自然史》中提出了自己的猜测。这给他招来了不小的麻烦。

地球是怎样形成的？

　　对于地球的起源，布丰在《自然史》中首次提出了彗星撞击假说。他认为，在很久很久以前，有一颗或多颗彗星与太阳相撞，从太阳上面碰下来的炽热团块，"俘获"了周围的宇宙尘埃，它们聚集起来，分别形成了包括地球在内的太阳系的几大行星。

6000年太短，不够用的

　　按照《圣经·创世记》的说法，地球的年龄只有6000年左右，世间万物（包括陆地和海洋）都是上帝这个造物主在6000年前用了6天时间，一股脑儿创造出来的。这一说法一直被人们普遍接受，布丰对此却充满了疑惑。他感到，6000年实在是太短了，大自然中发生了那么多的事件，哪一件都需要很多个世纪甚至更长的时间，短短的6000年怎么够用呢？因此，地球不可能如此年轻！于是，他自己设计了一套实验，来估测地球的年龄。

铸造了一些通红的大铁球

按照布丰的地球起源理论，地球形成初期是个炙热通红的球体，要经过很长时间，地球表面才能冷却下来。此外，下过矿井的工人都知道，矿井越深，地下越热，这说明地球的内部现在还处在高温状态呢。因此，布丰想，如果能测出地球最初冷却的速率，至少可以估算出地球的最低年龄。于是，他请制造大炮的兵工厂，给他铸造了一些大小不等的炙热通红的铁球。那时的实验条件很"小儿科"，没法儿准确测量铁球的温度，他在铁球冷却的过程中用手去触摸，记下铁球冷却到不烫手时需要多长时间。然后，他将这一时间代入他的计算公式，得出冷却到目前地表温度需要多久。最后，他估算出地球年龄至少7.5万年；但在未发表的笔记中，他却认为地球年龄至少有300万年。

布丰捅了"马蜂窝"

在1749年出版的《自然史》第一卷中，布丰首次提出了地球的年龄至少有7.5万年。这下子可不得了啦——要知道这个数字可是《圣经》上所说的6000年的12.5倍啊！这可不是闹着玩儿的，简直是捅了"马蜂窝"：布丰不但被巴黎大学神学院斥为"离经叛道"，而且还差一点儿受到了"宗教制裁"。

山顶上怎么会出现海里的螺蚌壳？

古今中外的历史书上都有记载，人们曾在远离海岸的高山顶上，发现了如今只有在海边才会见到的螺蚌壳。比如，中国北宋一个叫沈括的人，曾在《梦溪笔谈》中提到：在太行山的山崖之间发现了螺蚌壳，并据此推断这一地带过去曾是海滨。此外，早在沈括之前，唐朝的书法家颜真卿也在《麻姑仙坛记》中写道："高石中犹有螺蚌壳，或以为桑田所变。"而比沈括稍晚一些的宋朝理学家朱熹，也曾在书中提到："常见高山有螺蚌壳，或生石中，此石即旧日之土，螺蚌即水中之物。"显然，贝壳化石与现生的贝壳外表很相似，古人虽然并未认识到这些化石的真实性质，却也猜出了它们的来源以及海陆变迁的历史事实。

达·芬奇的解释

达·芬奇根据自己的观察与推论，对高山上的贝壳化石的成因，做出如下的解释并记录在笔记中：当陆地上的河水流到大海里时，浑浊的河水中携带着大量泥沙，它们在海里沉淀下来并掩埋了贝壳。长此以往，泥沙不断地层层沉淀、堆积并掩埋海里的贝壳；当海平面降低，海水消退，底层的泥沙经过脱水、挤压、固结而变成了岩石，里面的贝壳也跟着变成了化石。随着海底岩层的抬升，这些贝壳也就一起被抬升到高处。在此，达·芬奇最早把贝壳化石的形成与地质变迁联系在一起。

像古希腊学者们的推测一样，达·芬奇解释的这一过程，同样需要漫长的时间。可是，《圣经》上没有给他那么多的时间。正因为如此，他不想自找麻烦，"引火烧身"，因此在他生前并没有发表这些想法，只是记在了笔记本里，深藏不露。

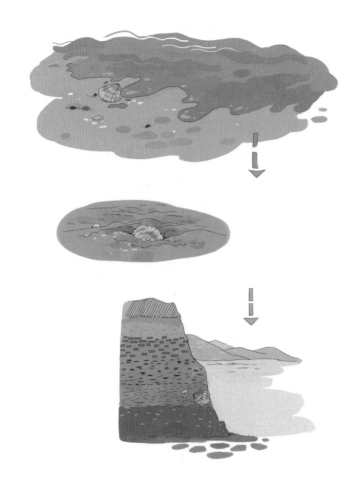

为什么地球年龄大小如此重要？

所有上述事实，都说明了同一个问题：为什么地球年龄的大小如此重要？

为此，布丰做出了很大的努力，同时付出了不小的代价。在布丰余生写作《自然史》的过程中，他一直念念不忘这个问题，竭力试图复活古希腊先贤们与达·芬奇的想法，这在他后来阐述"地球论"与自然分期时表露无遗。接下来让我们看看布丰是如何对付这一非常棘手的难题的。

"地球论"与自然分期

由于达·芬奇没敢发表他的想法，因此在布丰着手写作《自然史》时，当时对地球历史的解释，普遍还是依据《圣经》上的说法。也就是说，地球上的海洋、陆地乃至世间万物，都是造物主（即上帝）在 6 天之内一手创造出来的；而且，按照爱尔兰都柏林三一学院的大主教厄舍尔的说法，这一切都发生在公元前 4004 年。既然布丰的目标是要写一部脱离神学羁绊、属于自然科学的《自然史》，那么，他首先就要论述地球上自然现象的科学成因（即"地球论"）以及试图划分地球历史的主要阶段（即"自然分期"）。

否定造物主的神力

布丰在"地球论"中特别强调要科学地研究自然历史，就必须依靠自然法则，而不是靠什么"奇迹"的发生。

布丰试图把地球看作物质连续运动的"大系统"，他强调指出：我们必须从眼下着手，去仔细审视地球的各个组成部分，推测它的过去，预测它的未来。我们不能依靠偶然、突发以及灾变性的因素，而是要靠那些连续不断、日常发生的自然因素。现在的地表形态，是由目前我们能够观察到的风力、河流、海水潮汐、火山、地震等自然现象的综合作用，经过长年累月的积累才逐渐形成的；而且从今往后，还会被上述这些自然现象永远地作用下去。

无形之中，布丰把当时人们心中造物主无所不能的神力，一下子全部给否定了！

博物学成了一门新科学

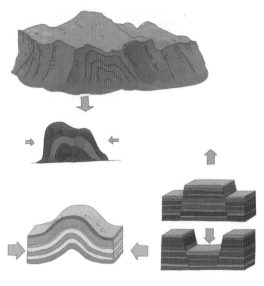

挤压产生褶皱　　　受力过度产生断层

通过强调自然法则的普遍性和重要性，比如前面提到的，无论古往今来，水总是往低处流，河流总会冲刷、侵蚀河岸两侧以及河道并把泥沙带入海洋，而其中的泥沙最终总会在海里沉淀下来并形成岩石；先沉积下来的泥沙所形成的岩石总是位于下面，而后沉积的则位于上面，因此越往上，岩层的年龄则越年轻等。布丰向人们展示，这些都是自然法则所决定的，不需要大自然之外的神力干预，也不需要"诺亚洪水"那样的一次性突发灾变来完成。

布丰这种一箭双雕的招数，确实非常高明。这样一来，博物学脱离了神学的束缚，自此成了一门真正的科学，而《自然史》也真正地回归了自然。

明修栈道，暗度陈仓

这是中国历史上一个著名的典故，说的是刘邦从汉中出兵攻打项羽之前，故意明修栈道，迷惑对方，暗中却绕道奔袭陈仓，从而打败了项羽。后来人们就用这个典故来形容两军对垒，交战一方把真实意图隐藏在表面行动的背后，给敌人造成错觉，从而达到声东击西、出奇制胜的目的。

布丰在"地球论"中，也采取了这一策略。表面上，他只字不提地球年龄问题，而是从方法论上阐述自然法则的重要性。按照前面介绍的"地球论"，布丰描绘了海陆变迁的轮回性，即大自然中的无限循环。这就隐喻着地球的年龄远比我们想象的要古老得多。

两点结论

布丰"地球论"的结论主要有两点：

1.自地球形成以来，地球表面经历了无穷无尽的变化，除了风雨、冰雹、火山、地震的破坏之外，河流与海水也不断地侵蚀陆地。这些自然的力量，既破坏地球的表面，也通过沉积作用重新塑造它。因此，破坏与塑造靠的都是大自然之力，而且循环往复，从不停息。

2.我们试图把过往的岁月与未来的时日放在当下考量，却不知道这仅仅是地球历史长河中的一个点、一瞬间、一个片段而已。

在他完成"地球论"之后的近30年间，布丰继续从事《自然史》的研究与写作。终于在1778年，他发表了著名的"自然分期"，试图对地球历史进行全面划分。那么，接下来让我们来看看他是如何划分的吧。

看似不变却千变万化

布丰在"自然分期"一开始，就写下了这样一段充满哲学意味的话：

大自然与物质、空间及时间同步共存，因此，她的历史也就是所有物质、地点与每一时期的历史；尽管她的杰作乍看起来从未有过变更或变化……但若仔细观察的话，便会发现她的进程也绝不是一成不变的。人们会认识到，她有相当大的变化，她会相继地变更，经历新的组合，发生一些物质与形式方面的变异；最终，大自然越是整体上看似固定不变，她的各个组成部分则越是变化多多。所以，如果我们通盘考虑的话，她的今天与她的开端以及其间所经历的各种形态，无疑是大不相同的。故此，我们将这些变化称为自然的分期。

在这些不同的自然时期中，布丰总共划分出了地球历史的六大阶段。

大自然的6个时期

1.地球形成初期，脱离太阳不久，物质呈熔融状态。经过缓慢冷却，从流体逐渐过渡到固体；地壳初步形成，但地表依然很热，生命还无法生存。

2.地表物质凝固，形成了玻璃化的岩层。

3.海洋覆盖全球，海洋生物（如贝类）出现，这些生物死后的残骸变成钙质层沉积下来，成为石灰岩，其中保存着贝类化石。

4.部分海洋消退，各个大陆浮现。

5.大象、河马以及其他南方的热带动物，生活在北方大陆上。

6.新旧两个大陆分离开来，人类出现并开始改造大自然的面貌。

疯狂的推测，伟大的预见

值得指出的是，无论是对地球年龄的估算还是对地球历史的分期，布丰难免为当时的科学水平所限制，放在今天用我们"后知后觉"的眼光看，充其量不过是一些"疯狂的推测"而已。不过，要是与霍金的一些预言比起来，布丰的一些推测和解释，真的不算出格。请看下面这段：

大海的涨落雕琢出地表的山川百态；同时，海水又把冲蚀下来的泥沙带入大海，这些泥沙在海底沉淀下来，形成平行的地层；通过经年累月的冲刷高山、充填峡谷、堵塞入海口，天上之水（即雨水）逐渐地毁灭了大海最初雕琢的地貌杰作。这些自然之力，循环反复，再重新创造新的大陆以及山川，然后又把它夷为平地，一切都像我们现在能观察到的一样。

这不正预测了现代地质学最基本而又最重要的原理吗？

"现在是通往过去的一把钥匙"

在布丰逝世的那一年（1788年），一个新的地球理论问世了。提出这一理论的是一位名叫詹姆斯·哈顿的苏格兰地质学家。

哈顿看到自家农庄周围山边的岩层，经过经年累月日晒雨淋的风化，逐渐变成越来越小的沙粒，被雨水冲进附近的小河里；然后，小河随百川归海，又把河底的泥沙搬运到海底沉积下来。海底的沉积物经过高压、脱水、固化等一系列过程，最终变成了岩石。后来，由于地壳运动，海底抬升，沧海变

成了桑田，这些岩层暴露到地表，又开始了新一轮"风化—沉积—成岩"的循环。哈顿这一岩石循环的理论，又称作"渐变论"或"均变论"；由于他根据目前观察到的现象去解释地球历史上发生的事件，所以这一理论也被称为"将今论古法则"。这一理论奠定了现代地质学的基础，在科学史上具有革命性的意义。

尽管在哈顿之前，也曾有人认为地球的年龄远比《圣经》上所说的要古老得多，但都没有哈顿的观察与推理如此地令人信服，因而，哈顿被誉为"发现了'深时'的人"。"深时"是指以百万年为单位的地质事件计年，以此来形容地质年代的无穷无尽。但其实，这个词100多年以后才出现。

先知先觉者布丰

前面我们谈到布丰《自然史》中的那段话，实际上已经预测了哈顿的"深时"概念和均变论，因此，布丰可以说是十足的先知先觉者。

哈顿在1795年出版了《地球论》（共2卷），比布丰的"地球论"更充实，成为现代地质学的经典名著和开山之作。19世纪，莱尔在《地质学原理》中，进一步丰富了哈顿提出的均变论。他主张用现今观察到的自然现象去解释地质历史上发生的地质事件，比如，火山喷发、地震、海啸、江河湖海中的泥沙沉积等现象，并指出，古往今来，都是受相同的自然法则支配的。而沧海变桑田的巨大变化，也都是由微小的变化经过漫长地质岁月的积累而产生的，因此，作用于地球的过程是无始无终的。

这么说来，是否就意味着地球的年龄是无穷大呢？

地球究竟有多大岁数?

　　尽管布丰、哈顿以及莱尔都不相信《圣经》上关于地球年龄的说法，但是在18、19世纪，世界上还没有科学手段测量地球的真实年龄。布丰对地球年龄有7.5万年的估算，已经触犯了宗教教义而遇到了麻烦，哈顿与莱尔的无穷尽的"深时"概念，更是大逆不道。经过近300年的科学进展，科学家们用放射性同位素测定：地球年龄为45亿年左右。

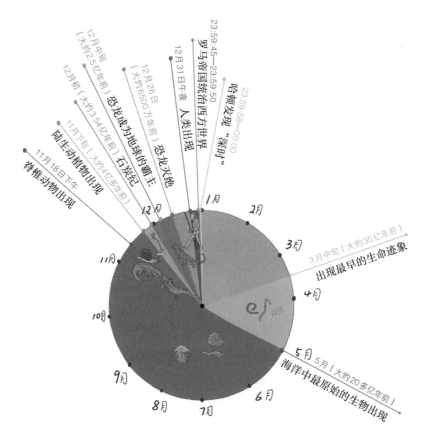

假设地球在过一周岁生日

　　45亿年究竟是一种什么样的时间概念呢? 科学家们想出下面一个办法来帮助我们理解它。

像压缩饼干那样，地质古生物学家们把地球的年龄45亿年"压缩"成我们平常的一年。那么，直到3月中旬（大约35亿年前），地球上才出现最早的生命迹象；海洋中最原始的生物出现时已经是5月（大约20多亿年前）了；脊椎动物到11月18日下午才姗姗来迟；陆生动植物直到11月下旬（大约4亿多年前）才出现；地球进入大规模沼泽地与大片森林的成煤时期（石炭纪），已经是12月初（大约3.54亿年前）了；直到12月中旬（大约2.5亿年前），恐龙才成为地球的霸主，可是好景不长，它们于12月26日（大约6500万年前）便全部灭绝了；人类直到12月31日接近午夜时分才出现；罗马帝国统治西方世界只持续了5秒钟（晚上23:59:45—23:59:50）；等到哈顿发现"深时"（也标志着现代地质学诞生）那一刻，离这一年的结束，只剩下最后一两秒钟了。

地球历史的大致分期

前面我们谈到了布丰的自然分期，由于缺乏现代的科学研究手段以及丰富的化石记录，只能算是"疯狂的推测"。当今的地质古生物学家们编制出了比较精确的"地质年代表"。

地质年代表用来记录地球历史上重大地质事件（包括生物演化阶段）发生的时代，呈现地球历史的大致分期。地质古生物学家们主要根据地层的新老顺序、生物演化以及地壳运动的不同阶段等，把地球历史划分成若干个自然时期，就像人类历史中的朝代划分一样。

地质年代表上最大的地质年代单位是"宙"，整个地球历史分为隐生宙与显生宙两大阶段。在隐生宙期间，由于地球上的生物尚未出现或刚刚出现，因此岩层中生物化石不存在或极为稀少。由于生物迹象或隐或现，不明显，故称这一漫长的地质时期为隐生宙；又由于它在古生代第一个纪——寒武纪之前，隐生宙也被称作"前寒武纪"。

"寒武纪生物大爆发"

距今约5.4亿年的时候，发生了地球生命史上最为迅速和壮观的生物演化事件，即在不到3000万年间，海洋中"突然"涌现出许多新型的动物，其中大多数动物的后代依然生活在今天。这就是生命史上发生的所谓"寒武纪生物大爆发"事件。在此之前，世界上发现的动物化石不仅数量很少，而且种类也十分单调；而自此以后，地球上的古生物化石突然大增，化石记录变得"显而易见"了。因此，从寒武纪开始到现在，被称作"显生宙"。

显生宙包括古生代、中生代和新生代。古生代是古老生物的时代，那些动物看起来都很奇怪、陌生；新生代是新型生物的时代，生活的是我们比较熟悉的现代生物类型；中生代介于两者之间，是恐龙兴盛的时代。

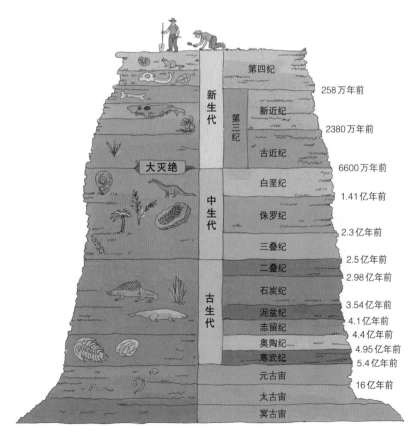

人类的自然历史

除了地球的起源及年龄之外，布丰在《自然史》的开篇，还提及了另一个当时被宗教界视为禁忌的话题——人类的由来，即我们是谁，我们从哪里来，又往何处去。从本章开始，在接下来的几章里，让我们来讨论《自然史》中的"人类的自然历史"。

我们究竟是谁？

布丰认为，既然在世间万物中，人类是有意识、有感知、有灵性的生物，研究自然史理应从认识和了解我们本身的自然历史开始。

首先，我们究竟是谁？我们真像《圣经》中所说的那样，是上帝按照自己的模样创造出来的吗？布丰不这么认为！他指出，人类必须把自己放到与其体质构成等各方面都相似的同一纲动物之中。

似乎又在玩火

"人类与动物同类"——这不是公然挑战《圣经》吗？

且慢！表面上看，布丰好像又在玩火。其实，他用了一点儿计策。他在做出上述结论之前，先放了一颗大大的烟幕弹，他先把自己的老对手、著名的神创论者林奈抬出来为他挡枪。

布丰指出，林奈在《自然系统》中，不仅把人类与很多四脚兽类放在同一个纲里，即哺乳动物纲，而且还专门建立了灵长目，将人类与猴子、猿类甚至树懒放在一起。布丰接着质问：难道就因为它们之间在牙齿上有某些相似之处，就有必要把人类跟树懒这样的兽类划分为同一类吗？然后，他话锋一转：不过，人类必须把自己放在那些在体质构成各方面都跟自己相似的同一纲动物之中。

布丰的潜台词是：不应该把人类与树懒分在一起，但人类属于哺乳动物纲，则是毫无疑问的。

用障眼法脱身

布丰上面使用的计策叫障眼法，即转移别人的视线使其看不清事情的真相。

他拿林奈把树懒与人类放在一起如何不合理说事，企图把众人视线引开，真正的目的是要说明人类与其他哺乳动物是同类，都属于哺乳动物纲。

此外，布丰通过强调人类具有高于其他哺乳动物的灵性，试图淡化他们在体质构成上的相似性，达到不过分触犯宗教的目的。事实证明，他这一手是很成功的。他既表达了人类是一种哺乳动物的观点，又避免了宗教方面的抗议和制裁。

同样的血肉之躯，不一样的天性

布丰指出，人类与其他动物的血肉之躯，都是由骨骼、肌肉、血液、神经构成的，他们都能四处活动。然而，只有人类能够适应地球上各种不同的气候和环境条件；其他的动物只能生活在它们的体能可以适应的、特定的气候与环境条件中，比如，把热带与亚热带的动物放到寒冷地区，它们就难以生存下去。人类之所以能部分地征服自然，是因为他们具有高度的社会性。这种社会性可以充分发挥每个人的能力，并把个人的力量化为集体的力量，即俗话所说的"团结就是力量""人心齐，泰山移"。

动物做不到的许多事、逾越不了的障碍，人类却能做到、克服。动物中也有社会性较高的种类，比如蜜蜂与蚁群等，可是为什么它们就比不上人类呢？

用智慧战胜力量

布丰指出，跟其他动物相比，人类并非在每一方面都是最强大、最灵巧或最完美的，比如人类跑不过很多动物（如马、鹿、豹等）；假如我们空手跟老虎、狮子对阵的话，也很容易成为它们的"美味佳肴"。

然而，我们可以驯养那些在某些方面胜过我们的动物，让它们俯首帖耳地为我们服务，令它们干一些我们自身体能所做不到的事情。比如，人类把快速奔跑的野马驯服，骑上它，人们便如虎添翼，能够捕猎到比我们跑得快很多的野兽。人们曾把岩鸽驯化成信鸽，帮助我们传递书信，在现代交通工具出现之前，人们就能用这种办法"快递"书信。

正如布丰所说，哪怕最愚笨的人也能掌控最聪明的动物，我们靠的不是力量，而是智慧。这是因为人们有目标，有计划，有驯服动物的各种手段；相形之下，再聪明的动物也驯化不了另一种动物。

精神对物质的统治

布丰认为，人类的智慧来源于人类具有思想，这是人类区别于动物的两大特征之一。有了理性的思维，人类生活才会有目标，也才会制订出达到那些目标的计划，并且寻求各种手段来完成计划、实现目标。

动物界中的社会性动物，比如蜂群、蚁群、狼群、河狸等，凭借着本能也可以完成一些复杂、非凡的事情。如蜜蜂筑巢、白蚁造穴、狼群捕猎、河狸集体筑坝等，也都需要高度合作。布丰认为，在动物本能的驱使下，这些行为都是机械的结果，纯属物质性的，它们不能发明以及改进任何东西。而人类有思想，具有巨大的想象力与创造精神。

凭借语言交流思想

人类靠想象力及创造精神，去改造并征服自然界（包括动物界），因此，在布丰看来，这是精神对物质的统治。他还认为，人类之所以能做到这一点，在很大程度上靠的是我们的语言能力——这也是人类区别于动物的另一重要特征。人类凭借语言交流思想，互相传授技艺，在生存斗争中团结互助，似乎无往而不胜。

我们都知道"鹦鹉学舌"这个成语，鹦鹉可以模仿人的声音，说些简单的话。有个名叫Alex（亚历克斯）的著名鹦鹉，据说竟掌握了100多个英语单词呢！另外，对于人以外的灵长类，比如猿以及猴，人们也都成功地教它们学会了一些简单的词语。尽管有些动物可以用肢体语言进行简单的沟通，但总体来说，只有人类才真正具备了复杂的语言交际能力。这究竟是为什么呢？

思想成就了语言

布丰指出，从声带等器官的构造来看，猿猴与鹦鹉都具有发声能力，它们所缺的不是机械能力或物质基础，而是智力与思想。这一点已被现代科学研究基本证实。换句话说，是思想成就了人类的语言天赋。

布丰还指出，动物只关注眼前的东西，而人类则具有记忆力，因此，人类能温故而知新。这样一来，记忆力使以往的经验转化为思想的一部分，并且结合目前的情况以展望未来。

布丰进一步指出，人类的思想（包括智慧与记忆力）和语言两大"特质"是人类独有的"天性"，它使我们与其他动物之间有了天壤之别。

经过这样一番煞费苦心的表白，布丰在《自然史》中有关"人类与动物同类"的表述，才顺利通过了宗教审查。

人生的阶段

除了讨论人在自然界的位置（即跟动物同类）以及人的"特质"与"天性"之外，布丰花费了大量笔墨，描述与讨论了人生的主要阶段：童年、青春期、青壮年、老年。这些讨论涉及人类学、人体生理学、心理学、儿科学、老年学、民族志学、社会学、美学甚至育儿经等各个方面。布丰把这么多方面的内容囊括在人的自然史中，无疑是他的发明；他首次把研究有关人的各方面论题和知识聚集在人的自然史这个大框架之中，堪称开了多学科综合研究的先河，充分显示了《自然史》不愧是一部百科全书式的著作。

无助的童年

在童年部分，布丰主要描述了母亲分娩过程的痛苦与危险、养育新生儿的细节及艰辛等。在布丰生活的时代，新生儿出生后的死亡率高达50%以上。因此，他在《自然史》中探讨这方面的话题，便不难理解了。

像其他哺乳动物一样，人类胎儿在母亲体内是生活在水（羊水）中的，而一出生就进入了需要呼吸空气的陆生环境，这就像水中的小蝌蚪变成青蛙后登陆一样，顷刻之间经历了从水到陆的环境巨变。布丰甚至做了一项实验，让临产的母狗在水中下崽，看狗宝宝能不能变成水陆两栖动物！

　　跟鱼类、青蛙、蛇以及某些鸟儿也是不同，人跟兽类一样，刚出生的婴儿孱弱无助，必须由母亲哺育相当长一段时间以后，才能独立生活。

育儿的陋习

　　所有哺乳动物中，母亲对幼崽都有较长的哺乳期。你看，袋鼠一类的有袋类哺乳动物，母兽的腹部还有个育儿袋，早产的小袋鼠生活在里面，受到母亲的保护与哺育，直到自己能独立生活为止。

　　人类育儿的方式，在不同地区、不同文化中，有许多差异。布丰批评了一些常见的育儿陋习（即不健康的习惯），比如，通常把婴儿在襁褓中包扎得太紧，束缚了新生儿的手脚自由活动能力，不仅使婴儿痛苦不堪，而且不利于新生儿的正常发育和成长。尤其在幼婴阶段，触觉对于孩子感知周围世界是非常重要的，不应该受到限制。

　　布丰还在母乳喂养、摇篮摆放的正确位置与合理采光、如何照管孩子等方面提供了指导。他还认为早开口说话的孩子，其后的语言与认字能力都超出后开口说话的孩子。

布丰的"伤仲永"

然而，布丰又指出，他不知道过早地教孩子读书识字究竟是不是好事。他曾见到过不少早教收效甚微或者完全失败的例子，有许多神童，长大后不仅成了凡人，甚至变傻了。

从本质上，布丰提倡顺其自然的教育方法，反对拔苗助长。他鼓励按部就班，因材施教，而不是一味地严厉苛求。无疑，这对当前的中国家长仍然有启迪意义。

我们知道，小朋友们都盼着快点儿长大，那么长大以后又会怎么样呢？

躁动与反叛

青春期是孩子长大成人的标志，在此之前，孩子在父母的重重保护之下，过着一种特殊的生活。进入青春期，生活突然变得丰富多彩起来，体内激素浓度骤然升高，许多原先被抑制的生命活力通过各种信号宣泄出来。

男孩子的嘴唇周围开始长出毛发（即胡子），女孩子的身体也变得丰满起来。不论男孩子还是女孩子，都开始对异性发生浓厚的兴趣。

伴随着体内的躁动，青春期的孩子也逐渐表露出反叛情绪。他们不再是对父母百依百顺的乖宝宝，他们开始有自己的想法；不论是在家中还是在学校，他们不再那么听话，他们试图"挑战"权威（比如父母与老师）。

成长的收获与代价

上述这些都是青春期极为正常的生理与心理反应，也是人成长过程中必须经历的过程。值得指出的是，青春期的亢奋，往往是创造的源泉。人类历史上不少重大的科学发现与伟大的文艺作品，都是青春期的科学家与文艺家们完成的，正所谓"自古英雄出少年"，当然，这里的"少年"即指青春期。

青春期的躁动与反叛，也容易将人引入歧途。这一阶段的人，心理上还未十分成熟，做事常常不计后果，容易铤而走险。因此，青少年犯罪往往也发生在这一年龄段。

因此，无论是家长、学校、社会，还是青春期的青少年自身，都要密切关注青春期的生理成长与心理建设，顺利度过这一机会与危险并存的重要人生阶段。

下一阶段就要步入人生真正的黄金岁月了，让我们看看青壮年期吧。

"少壮不努力，老大徒伤悲"

布丰并没有定义青壮年期的具体年龄范围。不过，根据他单独划分出的青春期来判断，他认为青壮年期应该包括青春期后的成熟青年阶段、中年阶段，即步入老年期之前的漫长岁月。

少年期与青春期，我们的主要任务是上学读书，接受教育，掌握谋生的技能。青壮年期则是施展才能、努力工作并建功立业的重要人生阶段，所以，每个人都要在这一阶段努力奋斗，争取有所建树，以免到老悔之莫及。

清朝重臣李鸿章晚年自述："少年科第，壮年戎马，中年封疆，晚年洋务……"意思是说他青少年期就经过科举考试的选拔，成就了功名；青壮年期南征北战，建立了功业，并成为主政一方的封疆大吏；晚年又推行洋务运动（即对外开放，引进西方国家的先进科学技术）。

"人到中年万事休"

比起无忧无虑、欢乐成长的青少年时期，青壮年时期既是人生奋斗的收获阶段，也是身心疲惫、困难重重的时期；如果处理得不好，甚至会沦为慵懒、倦怠、不求进取的阶段，即古话所说的"人到中年万事休"。

20世纪80年代初期，著名小说家谌容曾发表名为《人到中年》的中篇小说，后来还改编成电影，反映了当时中年知识分子工作与生活的艰难处境。这种情况其实不是哪一个人、哪一个国家或哪一个时期的特殊情况，而是具有普遍意义的，布丰早在《自然史》里就讨论过。

德国哲学家叔本华也曾指出，人生要经历欢乐的少年期、多姿多彩的青年期、困难烦恼的中年期、虚弱多病的老年期，一路呈明显的下坡路趋势。

"地球的主人"

布丰称处在青壮年阶段的男女为"地球的主人"，他讴歌男人的壮美，赞叹女人的优美。当然，布丰无法摆脱自身所处时代的局限，他把青壮年期的男人视作力量的象征，就像古希腊雕像所塑造的那样。他盛赞男人身上的一切，尤其是外表，展露了超出所有生灵的优越性；男人伟岸挺拔的身段、昂首挺胸的姿态，给人以卓尔不群的印象。同时，布丰也为成熟女人的优雅与美丽所倾倒。尽管总的说来，他对男人赞誉有加，可是他也承认，男女应该平等；男女平等不仅是"自然"的，而且是文明社会的标志。不得不指出，在18世纪，布丰能有这样的认识，是难能可贵的。不过，他良好的意愿被后来执政的拿破仑所打破，拿破仑颁布的《民法典》延续歧视女性的传统偏见。

有意思的是，布丰对青壮年期男女体质特征的描述与讨论比较简短，却对人们喜怒哀乐的情绪宣泄与面部表情之间的关系，做了极为详细和有趣的阐述。

相由心生

布丰对人的七情六欲与面部表情的描绘非常生动。比如，他指出，人们因热烈期盼的愿望未能实现而深表遗憾时，会感到揪心的震颤。这时体内膈的运动会将肺部提起，引发一种急促的深呼吸，形成一声长叹。如果这种心灵的痛楚持续不断的话，便会叹息不止并引起深深的忧伤。人在伤心的时候就会不由自主地流泪，此时空气随着肺部的起伏而进入胸腔，促使流泪者不断地呼吸而发出比叹息更响的声音——这就是"抽泣"。抽泣引起的面部肌肉的抽动，则是悲哀的表情。

与此相反的是，人们内心愉悦、高兴不已的时候，便会情不自禁地露出笑容，甚至手舞足蹈。所有的情感都是心灵活动的体现，又通过面部感官表露出来，因此，也就有了"相由心生"的说法。可是，这真的科学吗？

不能以貌取人

布丰一方面强调可以通过外部表情判断人的心理活动，另一方面也指出不能单纯地以貌取人。

因为心灵没有任何形式与体质的外部形式一一对应，因此，我们无法通过一个人的体态或长相，来判断其心灵的美丑。比如，有些在影视节目中通常扮演反面人物的演员，我们不能就此认为他们在现实生活中也是心术不正的人。同样，我们在银幕上所见的偶像，在现实中也未必全都那么完美。

布丰问道，某个人的鼻子长得好，就一定聪明吗？体貌丑陋的人，心灵就一定龌龊吗？因而他指出，占卜师与相面先生所宣扬的东西，毫无科学根据，纯属无稽之谈。

内心的双重性

　　一方面，布丰既承认人的面部表情会受到心理活动以及精神面貌的影响，又认为不能以一个人的仪容外表来判断其心灵的美丑。

　　另一方面，布丰还指出，别说不能以貌取人，就连人的内心，也具有"双重性"呢。他认为，人的内心同时存在着两种"本原"，一种是物质本原，另一种是精神本原。两者之间是互相对立的，而且经常会发生冲突。

　　物质本原是天性，是与生俱来的。比如，一般来说，人都倾向于贪图享乐，逃避凶险，自私自利，并喜欢随心所欲，这些似乎都是本能，是天生的。

　　精神本原是经过后天修炼与陶冶而获得的。比如，恪守诚信、遵守公德、吃苦耐劳、助人为乐等美德，是靠不断学习和培养而建立起来的。

两种本原的较量

布丰举例说，在少年期和青春期，人的内心以物质本原为主导。小孩子是任性的，喜欢"撒野"，无所顾忌，这些都是受内心的物质本原所支配的，是人类的原始特征。

通过家长、学校以及社会的多年教育，到了青壮年期，人内心的物质本原逐渐被精神本原战胜。人开始有了羞耻感与责任心，认识到不能再像小孩子那样随心所欲，要对自己的一言一行负责。从物质本原占主导到精神本原占主导，是一个长期教化的过程，也是一个人心智成熟的标志。

这跟100多年后赫胥黎所提出的伦理过程与自然过程的对抗，简直是不谋而合。

赫胥黎所论述的双重人格

赫胥黎在《进化论与伦理学》（即《天演论》）中，论述了我们身上一般具有天然的与人为的双重人格。天然人格是人类在残酷的生存斗争中，经过自然选择所形成的一套自我保护机制，包括自私、贪生怕死、追求享乐、贪得无厌、野蛮、自行其是等天然性格（即兽性）。而人为人格（即人性）则是限制人类社会成员之间的生存竞争、抑制个人私欲的膨胀、顾及群体利益、尊重他人、助人为乐等美德。

显然，赫胥黎的天然人格相当于布丰的物质本原，而人为人格则相当于精神本原。这好比"孔融让梨"的故事，如果一个小孩子不愿意让的话，那是天然人格（即兽性或物质本原）的表现；能够让梨的话，便体现了人为人格（即人性或精神本原）的光辉。

人都会变老的

在自然界，一切都在不停地变化，万物一经诞生，便开始走向衰亡，这就是所谓的自然规律。人也是一样，在经历了童年、青春期、青壮年之后，便走向人生的最后一个阶段——老年。

通常人在30岁之后，皮下脂肪开始增厚，随之而来的是体重开始增加，体态变得肥胖臃肿，四肢变得沉重。总之，身体在运动时逐渐失去灵活性，开始丧失青春活力，这便是身体在生理上出现衰退的最初标志。到了40岁前后，皮肤变得干燥，也不像年轻时那么光滑圆润并开始出现皱纹。再往后，头发变白，变稀，牙齿松动甚至脱落，面部变老，腹部鼓起，一些所谓"中年人"的生理特征，逐步显露无遗。在40—60岁之间，上述变化一般是缓慢进行的。60岁以后，尤其是接近70岁，这种变化越来越快，躯干也开始弯曲。从70岁开始，一般人真的开始衰老了，会迅速变得老态龙钟。

沉重的话题

在布丰生活的时代，现代医药科学还没有发展起来，一些现在完全能够治愈的疾病，在那时医生们却束手无策，被视为不治之症，因此，很多人对衰老与死亡深感恐惧。布丰在《自然史》中花了不少笔墨讨论老年与死亡这一话题，也就不足为怪了。

1777年，在布丰70岁的时候，他写了《老年人的幸福》。他对于人的变老与不可避免的死亡，表现出惊人的豁达与乐观。即使在今天，依然具有积极意义。他为什么说生理上日趋衰老并接近人生尽头的老年人是幸福的呢？

老年人的幸福

布丰指出，尽管老年人体质不再强健了，然而由于人生经历丰富，思想却变得更加成熟，也更为睿智了，这或许是精神收获对身体损失的补偿吧。他举了一位近百岁高龄的哲学家为例：有人问老者，最令人遗憾的人生20年是哪一个阶段？老人说，没有！但最幸福的20年是55—75岁之间。这期间有了一定的经济基础，基本上功成名就，生活上趋于稳定。年轻时的抱负或者已经实现，或者烟消云散；原定的人生规划或者已经完成，或者已经泡汤。个人对家庭、国家与社会所肩负的责任，通过毕生的努力，大多已经完成，可以带着人生的智慧安度晚年了。

人种的多样性

在前面我们讨论了人类凭借自身独有的意识、思想、智慧与语言，跟其他生物区别开来，并描述了人生的不同阶段，讨论了人类的个体历史。布丰接下来介绍世界上生活在不同气候条件与地理环境中的各类人种。

人种之差不过一层皮

英语中有一句话"Beauty is only skin deep"，直译成中文就是：美貌只有皮肤那么深。言下之意是说：人品比相貌更为重要——美貌只不过一层皮而已。

与此类似，在布丰时代，区别不同的人种主要依据以下三方面特征：

1.最显著的是皮肤颜色的差异；

2.形体与高矮的差别；

3.各种族在习俗方面的不同。

其实，即使在今天，对一般人来说，区别人种主要还是根据肤色，即我

们通常所说的非裔（黑种人或尼格罗人种）、亚裔（黄种人或蒙古人种）以及欧美白人（白种人或高加索人种）。

一方面，在20世纪之前，由于交通不便，人口流动不像现在这么频繁与巨量的时候，上述分类似乎比较简便易行。事实上，当时布丰所能接触到的人种，除了欧美白人之外，也只是从非洲贩运来的黑奴，他对亚洲人都不太了解，因此，在《自然史》中，对于他所不熟悉的其他地域与人种，他不得不求助于探险家与旅行家们的游记。

另一方面，布丰指出，在人类之初，实际上并没有什么不同的种族。地球上开始只有一种人，随后向世界各地迁移、扩展开来。由于不同气候以及环境的影响，饮食及其他生活方式的差异，传染病以及近亲繁殖等引起的变化，人群总体发生了变化。

人种之差又不止一层皮

起初，上述这些变化并不十分明显，只有个别的变异，但这类变异代代相传，在上面提到的那些因素的影响下，变得更加频繁，更加显著，更加普遍，经过累积效应，逐渐形成了人种的差异。

由于地理隔离、气候环境差异以及人类自身遗传变异所产生的变化，不同地区不同群体之间，不仅出现了肤色的差异，而且在发色、面部特征、体形结构等许多方面也明显不同。此外，在基因与体质之外的饮食、风俗习惯、行为、心理等文化与社会特征，也都产生了很大差异。

19世纪后半叶，随着达尔文生物进化论日益被接受以及人类学的兴起，人类同属一个物种（即智人）的概念成为科学界的共识。欧美学者开始试图探讨各个群体在行为上和文化上的不同特征，而社会学家也把人种换成了民族。20世纪40年代以后，进化生物学家们基本上摒弃了人种概念。目前，不同学科对于人种到底是否存在、应该怎样理解与定义，依然存在分歧。

布丰的先见之明

布丰对人种的认知，与现代人类学的概念十分接近。由于他持有演化思想，他主张的是所谓"一元发生学说"，即全人类是同一个物种。他把人种多样性归结于气候、食物以及生活习惯的差异，而不是体质上的本质性差异。比如，他说，中国人皮肤偏白，是因为他们居住得偏北（与东南亚人相比），文明程度较高，很多人生活在城镇，免受风吹雨打。

人种之间没有"楚河汉界"

布丰强调，即便在所谓的同一人种（比如黑种人或黄种人）内，各种特征也是多种多样的；而不同的"人种"之间是逐渐过渡的，没有"一刀切"的界限。比如，即便是肤色，黑种人与白种人之间，也不总是黑白分明的，中间过渡性的颜色很多，几乎是"五颜六色"，如多少有点棕色或多少有点棕褐色（茶色），还有铜黄色、橄榄色等。头发也是如此，法国人中也有像黑人那样短而卷曲的头发。

总之，所谓不同"人种"之间从来不存在非此即彼的"楚河汉界"。尤其是在全球化的今天，整个地球变成了一个特大的"地球村"（global village），旧有的人种概念越来越难以成立了。然而，300年前布丰就有了这种观点，正说明他的思想是十分超前的。

人种与种族主义

从启蒙时代开始，所谓"人种"之间的差异，就被过分夸大，并用于支持种族主义的概念。在《自然史》中，布丰在引述探险家们的游记时，发现其中有许多对有色人种的描述，充满了种族偏见与歧视性的语言。尽管他对此并不满意，但是他不得不依靠那些人的第一手资料。

此外，布丰本人在一定程度上难免受到时代的局限，也偶尔流露出欧洲中心主义以及白种人优越于其他种族的观点。比如，他在描述高加索部落的白人妇女时写道，她们有世界上最美的肤色，大大的眼睛百媚生，漂亮的鼻子樱桃口，红宝石般的嘴唇，椭圆形下巴，皮肤白如雪，玉颈美发，体形修长……相形之下，描述黑人以及鞑靼人时，则是如何丑陋不堪、愚笨懒惰及残忍。

丑恶是文明社会的毒瘤

尽管受到时代的局限，具有演化思想的布丰，对人种或种族的提法，在骨子里还是有所保留的。因此，在《自然史》中，他很少使用人种或种族这类词。他不仅强调外表体质特征的过渡性，而且对所谓不同种族之间的智力差异和风俗习惯的文明水平，也有比较客观的认识。

比如，布丰认为，人们常常把大自然赋予我们的一些天然的东西，与通过模仿、教育而代代相传的东西混为一谈。脱离环境差异与文化差异，去侈谈智力差异是徒劳无功的。此外，对于探险家和旅行者们大肆渲染的所谓野蛮人的风俗习惯，常常不过是少数人的个别行为，一如文明社会中也有骇人听闻的犯罪现象一样。如果我们仔细观察并客观评价的话，那些所谓原始或野蛮的种族，也许比我们更加纯朴无邪，更有道德。两相比较，我们会发现：丑恶并非原始社会的痼疾，而是文明社会的毒痈。

布丰对蓄奴制度的批判

布丰指出，黑人是很重感情的，而且爱憎分明。他们对自己的同胞同情，怜爱，慷慨相助，如果主人待他们好，他们对主人也非常忠诚与热爱。他们有着金子一般的心，善良且敏感。

他痛斥可恶的蓄奴制度，对黑奴的悲惨遭遇深表同情。他愤怒地质问：稍微有点儿人性的人们，怎么能够容忍买卖奴隶的制度存在下去？怎么会利用各类种族偏见为这种追逐金钱利益的行为辩解呢？

值得指出的是，布丰之后，同样具有演化思想的达尔文一家三代（即达尔文的祖父、父亲及本人），也都是强烈反对蓄奴制度的。

野蛮人与社会

我们先前已经提到，整部《自然史》是以人类为中心的，这是由于布丰认为大自然是以人类为中心的。在讨论作为个体的人之后，布丰又进一步讨论人类的社会性以及人类社会结构最初的形成。

布丰指出，哪怕走到天涯海角最荒凉最偏僻的地方，哪怕遇到最原始、最野蛮的人群，也不会遇到人们像一般动物那样离群索居的现象。他们既不会男女分居，也不会遗弃婴儿。他们总是会发声，会说话，至少会打手势，相互之间能够有一定的交流与沟通。

一般哺乳动物在经过几个月的哺乳期之后，幼崽基本上就能独立生存。相形之下，人类的育儿期比较漫长，小孩若是很小的时候离开父母、没人照料的话，在恶劣环境中，很容易夭折。人类为了繁衍和延续下去，就必须组成家庭。也由于孩子对父母的依赖以及家庭成员之间的交流，他们必须了解彼此间的手势与声音，理解彼此间感情与需求方面的表情。

家庭是社会的基本单元

因此，生活在荒野中的"野人"，也是一家子一家子"居家"生活在一起的。家庭成员之间，通过手势和语言彼此交流。如果某个家庭比较兴旺的话，这一"户主"通过家庭的自然增长和扩大，就会成为这个"大家庭"的头领。这样一个大家庭会过着同样的日子，说着同样的语言，有着同样的习俗。再后来，由此衍生出来的一个个小家庭，也会有共同的语言习俗和生活方式。长此以往，这些家庭就会形成部落。随着部落的不断扩充，最终就会变成一个民族。

社会是人类的必需品

人类有史以来，经历了许多不同民族间的争斗、杀戮和征战。过去的野蛮洪荒时代如此，在高度现代化与文明的今天，似乎也并未终止。这究竟是为什么呢？

在蛮荒时代，大多数民族都处在野蛮状态，都是所谓的"新人类"，还没来得及形成成熟的社会形态。在自然条件好的区域，比如气候温和适宜、土壤肥沃、自然资源丰富，各民族可以各占一块自己的地盘，自给自足，相安无事，和平相处。如果相邻民族的地盘比自己的各方面条件好，
或者一方怀有"邻居家草坪更绿"的心态，那么要想和平共处，就会困难一些。更糟糕的情形是，大家都处在恶劣环境条件下——气候无常，土壤贫瘠，资源短缺，那么随着人口增长，相邻民族之间的掠夺和争斗，几乎是不可避免的。一个民族对另一个民族的征服，也就会变为常态。结果，胜者为王，败者沦为奴隶。总之，民族间的混合成为必然趋势。人类要繁衍，求发展，更广泛的社会形态，成了人类的必需品。

社会最初建立在大自然基础之上

在布丰眼里，上述情形便是建立在大自然基础之上的人类社会发端。在科学技术高度发达、全球化程度日趋完善的今天，各国与各地区之间经济的不平衡发展，仍然是引起国际争端甚至局部战争的祸根。本质上，这与前面描述的情形似乎并没有太大的差别，然而，人类文明社会的发展，还离不开理性与道德关系的建立与指引。

以理性为基础的社会

前面我们讨论过，人类在蛮荒时代的原始社会里，大多是随心所欲的，靠着天然人格（即兽性或物质本原）与大自然做斗争，但随着社会的发展，个体之间合作的重要性越来越突出。许多事情（比如狩猎大型动物等活动）不是凭一己之力可以完成的，需要跟别人合作才行。自身的多种需求，得通过集体的力量才能满足。在很多情况下，单枪匹马往往非常危险，人类只有在群体中才会感到安全。这时候再一味地随心所欲，就行不通了，要求每个人必须把自己的力量和智慧贡献给集体或社会，然后，利用集体和社会的力量与资源，来面对大自然的挑战。

至此，社会要更多地依靠道德关系与个体的理性来维系，个人不能再由着性子来。人们要尽力约束自己，控制自己，秉公守法。只有这样，个人才能得到社会的保护，也才能在险恶的环境中平安无事。

和谐社会力量大

同样，社会成员通过培养个人的人为人格（即人性或精神本原），陶冶性情，努力与别人磨合，积极跟他人配合，集体才会有力量，社会才能和谐。和谐社会就像一部庞大的机器，它的顺利运转，要求每一个部件都不能出故障。布丰指出，人之所以为人，就是因为我们懂得如何与他人和睦相处。

至此为止，我们已讨论了人生的各阶段、人种多样性以及家庭与社会的起源，但是作为人类自然史，为什么布丰对人类的起源与演化一直避而不谈呢？接下来让我们试着解开这一谜团。

人类的起源与演化

　　在《自然史》中，布丰只是隐晦地表达了"人类与动物同类"的观点以及强调了"人类是大自然的中心"，而对于人类在自然界的真实地位，他并没有深入探讨，这至少应归结于下述两个原因：第一，18世纪的欧洲，宗教势力异常强大，禁止任何违背《圣经》中"上帝造人"教义的说法；第二，当时科学处于启蒙阶段，古人类化石记录一片空白，即使布丰心中有想法，也缺乏科学依据，他最明智的做法，是保持沉默。而这一状况还得维持至少100多年。

拉马克"放风"

　　在布丰之后的传承人中，出现了两位有名的法国博物学家：一位叫拉马克，另一位叫居维叶。1809年，拉马克又根据人和猿外表上的相似性，在《动物学哲学》一书中，大胆地指出人类起源于类人猿。不过，拉马克这时只是放出一点儿"口风"罢了，人猿共祖的理论有待于更多证据的支持。

达尔文"呼应"

人类和猿类有着共同祖先这一理论，最早是由19世纪著名的英国博物学家达尔文正式提出来的。他在研究生物进化论期间，也就是1842年左右，就已有了人猿共祖的初步想法。但达尔文是非常谨慎的科学家，他等了十几年，直到1859年出版《物种起源》一书，他才在书的末尾，语焉不详地写道："人类的起源及其历史，也将从中得到启迪。"

人类究竟来自哪里？

这真可谓"千呼万唤始出来，犹抱琵琶半遮面"！但是达尔文心里十分清楚：非同寻常的理论一定要有不同寻常的大量证据支持才行。他继续搜集各方面的证据。到了1871年，达尔文终于觉得时机成熟了，于是出版了《物种起源》的姊妹篇——《人类的由来及性选择》。在这本书里，他鼓足勇气，首次正式提出了人猿共祖的理论，并且推测人类起源中心在非洲。

达尔文这一理论认为：人类是从现已灭绝的一种非洲古猿演化而来的，现在的大猩猩等猿类也是从这种古猿演化而来的，因此人类和猿类有着共同的祖先。

拿出你的证据来

达尔文提出人猿共祖的理论时，绝大多数人头脑里已有了一种根深蒂固的信仰，即"上帝造人"的宗教观念，这无异于把黑色的东西硬说成是白色的，因此引起了很大的争议。

显然，此时能够平息争议的最佳证据，莫过于发现早期人类化石了。1887年圣诞节前夕，一位名叫杜布瓦的年轻荷兰军医来到了印度尼西亚（以下简称印尼）的苏门答腊岛。他此行的目的，除了被派驻到那里工作之外，他还想碰碰运气，去那里寻找早期人类的化石。

表面上看，世界上没有比这件事更不靠谱的了。首先，杜布瓦连一点儿古生物学的背景知识也没有；其次，那里从未有过早期人类活动的任何迹象；再次，按照达尔文的理论，非洲大陆才是寻找早期人类化石的首选之地。如此看来，杜布瓦真有点儿"鬼使神差"，你觉得他能够如愿以偿吗？

杜布瓦中了大奖

杜布瓦指挥着由50名在岛上服刑的犯人组成的挖掘队，在苏门答腊岛上东找西挖了将近一年，却什么也没发现。他并不甘心，又带队转移到邻近的爪哇岛上去挖。1891年，他们终于挖到了第一块古人类的头盖骨化石！杜布瓦发现这块头盖骨化石缺少明显的人类特征，但又肯定比猿类进步，因此，他认为这是介于猿类与人类之间的过渡类型，将其命名为直立猿人，后来一般称作"爪哇人"。

皇天不负苦心人

1892年，杜布瓦的挖掘队又发现了一块近乎完整的大腿骨（即股骨）化石，其形态特征与现代人的大腿骨很相似。根据这一点，杜布瓦确定"爪哇人"已经能够直立行走，进一步证实他先前对头盖骨化石的推断。

不过，由于没有找到石器以及其他证据，"爪哇人"的骨骼化石证据被视为"孤证"；因此，当时学术界对"爪哇人"是否真的属于人类，还存在不小的争议。

美国自然历史博物馆中亚考察

不过，"爪哇人"的发现，给了美国古生物学家奥斯朋很大的鼓舞。奥斯朋一直相信人类起源于亚洲，并认为中亚地区（尤其是中国西北部与现在的蒙古国境内）是哺乳动物（包括人类在内）起源的"伊甸园"。奥斯朋当

时任美国自然历史博物馆馆长，他募集了一大笔钱，组织了中亚考察团，在1922—1928年间到上述地区寻找最早的人类化石。

尽管他们在中亚地区发现了许多恐龙和哺乳动物的化石，但却没有找到任何古人类化石。其间，在世界的另一边却传来了好消息。

来自非洲的发现

1924年下半年，南非约翰内斯堡大学的解剖学教授达特收到了在南非塔翁一个采石场里发现的小孩头骨化石。达特在《自然》杂志上发表了他的研究报告，认为这个未成年人头骨化石比"爪哇人"更原始，更像猿类，故将其命名为"南方古猿非洲种"，并认为其生存在200万年前。

20世纪20年代似乎是早期古人类化石发现的丰收期。在"南方古猿非洲种"被发现后不久，在中国也发现了猿人化石，仍旧不是来自奥斯朋所预测的中国大西北，而是来自北京郊区周口店。

周口店北京猿人

北京西南部房山区有个地方叫周口店，那儿是起伏不平的山地，其中有座小山叫龙骨山。龙骨山以出产龙骨而得名，所谓龙骨，是对脊椎动物牙齿及骨骼化石的统称，过去人们把它们磨碎成粉末，当作中药用。1919年，北京协和医学院来了一位解剖学教授，他的中文名字叫步达生，是加拿大人。

听说龙骨山盛产化石，步达生就跑去找化石，结果他发现了一颗人类的臼齿（俗称磨牙）化石。根据丰富的人体解剖知识，他于1927年将这颗臼齿化石命名为"中国猿人北京种"，也就是后来举世闻名的北京猿人。

从那时起，中国科学院古脊椎动物与古人类研究所好几代古人类与考古学家，在周口店进行了长期系统的挖掘，有很多重大发现。1929年12月，裴文中院士在周口店发现了第一个完整的北京猿人头盖骨化石，可惜这一珍贵化石在1941年以后下落不明。不过，迄今为止，考古学家们又发现了6件头骨化石、14件下颌骨化石、150多颗牙齿化石，代表至少40个北京猿人个体。

发现更多古人类化石

自20世纪60年代以来，考古学家们在坦桑尼亚、肯尼亚、埃塞俄比亚以及东非其他地区，先后发现和发掘了一系列早期人类的骨骼、足迹和石器化石。其中名气最大的是名叫"露西"的早期人类化石。这些古人类属于不同种类的南方古猿，可能生活在距今500万年到100万年之间的东非广大地区。

南方古猿是人不是猿

其实，"南方古猿"并不是巨猿类，而是属于人科的原始人类。与我们现代人相比，露西以及其他南方古猿的主要特点是身材矮小（他们约1米高，体重在25—55公斤之间），体表多毛，脑容量较小（大约为500毫升，而现代人的脑容量平均为1400毫升以上），因此智力水平较低。

但与其他灵长类动物及猿类相比，南方古猿可以直立行走，这样一来，他们的前肢就不需要用来行走，可以用来做别的事情了。另外，他们的拇指可以跟其他手指相对，用来使用与制造工具，做比较复杂的工作。对头骨的分析结果表明，尽管其脑部掌管语言的区域并不发达，但似乎已经具有了初步的语言交流能力。

总之，南方古猿的智力水平已经达到让他们计划比较复杂的活动，比如，到远处去寻找制造工具的石头。体质与智力方面的这些进化，使得南方古猿能够在非洲东南的大部分地区生存与繁衍。南方古猿大概从来没有离开过发源地非洲，并在大约100万年前消失了。这期间出现了具有更高智力水平的原始人类，这些新的种类属于人属，其中最重要的是直立人种，出现于大约200万年前。

"走出非洲"

比起所有其他生物，人类总是"这山望着那山高"，不会老老实实地待在一个地方。在如今的地球上，除了最寒冷的极地，几乎到处都有人类居住。由于气候环境的变化，或者对于遥远地方的憧憬，在人类演化史上，人属中的不同物种先后至少有三次走出其发源地非洲，迁徙到世界上的其他地区，这就是人类学里著名的"走出非洲"假说。

他们到过哪些地方？

考古发现显示，直立人是集体狩猎的，这说明他们能够协同行动，这必然得益于思想的交流。因此，智力水平和语言能力的提高比使用工具和火更加重要，因为人们借此可以交流思想，规划行动。拥有了有效的工具、火、智力和语言，直立人对自然环境的改造能力日渐增强，使他们有可能远走他乡。

大约在距今200万至180万年间，直立人走出了非洲，在其后100多万年间，他们的足迹几乎遍布欧亚大陆。最早发现的印尼"爪哇人"以及周口店北京猿人都属于直立人种。直立人在大约15万年前灭绝了，并没有留下现存的直接后裔。

发现于埃塞俄比亚、约60万年前的最早的海德堡人，据信是人类第二次走出非洲的人种，30多万年前在欧洲演化出了尼安德特人。尼安德特人一直生存繁衍，活跃于东、西欧的广阔大地上，延续到大约3万年前。

大约19.5万年前，非洲出现了早期智人，这是我们所有现代人的祖先。距今约13万至10万年间，早期智人走出非洲，向外迁徙与扩散。智人于约10万年前到达亚洲，6万年前抵达中国，约3.5万年前抵达欧洲，最后于距今约2万至1.5万年间抵达美洲。智人走出非洲，代表人类进化史上第三次"走出非洲"，并最终几乎遍布全球。

动物的自然史

　　布丰写作《自然史》时，现代动物学作为一个科学学科还没有诞生呢！因此，在他眼中，动物只是地球表面无数"产物"中的一类自然产物而已，它们显然不同于植物或无机物。动物除了形体之外，还有感官与动作，因此，动物与周围的事物，有着更多、更复杂的联系。在林奈所分类的动物、植物与矿物三大类产物中，动物无疑居于植物之上，而植物又居于矿物之上。人类由于具有会说话的舌头以及会使用与制造工具的双手，又明显地优于其他动物。因此，布丰认为：动物是大自然中最完美的作品，而人类则是其中的精品。在大自然中，人类居第一位，其他动物排第二位，植物排第三位，矿物排在最后一位。

食物

遗传基因

呼吸

由细胞构成

繁殖

其他动物与人类的同一性

布丰再次强调了人类与其他动物类似的方面，比如生物结构、生命需求、感觉、运动、繁殖等。其他动物躯体内的各种"部件"及其相互间的安排与组合，跟我们是多么相同啊！难道这些都是巧合吗？

其他动物与人类的这些同一性，只能说明我们是同类。而人类通过其特有的智力与理性，征服了没有思想的动物，并变成了它们的主宰。

动物的分类

前面我们已经提到布丰是反对林奈的自然分类系统的，他主张以人类为中心对动物进行分类。这种分类主要根据其他动物与人类之间的关系，由近及远地进行分类组合，重在反映其他动物与人及其周围环境之间的生态关系。

人类的奴仆——家畜

人类通过驯化，把野生动物驯化成服从自己、听凭使唤的奴仆，这就是家畜。在所有动物中，家畜跟人类最亲近，也是《自然史》中最先讨论的对象。家畜中大多是属于哺乳动物纲的四足动物，比如我们所熟悉的猫、狗、马、牛、羊以及猪等。许多家畜已经变成了人们生活中离不开的生活资料或生产资料。而在这些家畜中，恐怕要数狗跟人的关系最亲近，跟人的渊源最久远。

一生中最忠实的朋友

最有名的爱犬者，恐怕要数英国大诗人拜伦了。拜伦赞美狗是他一生中最忠实的朋友，第一个迎接他，第一个保护他。他的爱犬波兹旺恩死后，拜伦为它立了一块墓碑，写下了如下充满深情的话作为墓志铭：埋在这片土地下的遗体，生前美丽却不虚荣，强壮却不傲慢，勇敢却不凶残，具备人类的全部美德，却毫无人性的缺点。

在《自然史》中，布丰对狗的描述也同样生动感人。

狗比人温顺、忠诚

狗的身形美丽轻盈，敏捷有力，它极富感情、勇气和力量。它温顺忠诚，禀赋惊人，活力四射。如果没有狗的帮助，人类怎么能顺利征服与驯化其他动物？又怎么能及时发现及捕猎对人类有害的野兽呢？

后来，美国总统杜鲁门也说过这样的话：在华盛顿，你若想找个朋友，那就养条狗吧。意思是说，华盛顿的政客们都靠不住，只有狗才是值得信赖的朋友。如果你从街上捡条无家可归的饿狗回家，它会对你感恩戴德，永远不会背叛你。

狗的祖先是狼

狗在生物分类学上属于犬科动物，犬科的现生代表还包括豺、狼、狐、貉。人类泾渭分明地将它们分为忠实的朋友（狗）、凶恶的敌人（狼）、狡黠的象征（狐）及与坏人沆瀣一气的一丘之貉。在哺乳动物进化史上，从大约4500万年前开始，犬科动物留下了极为丰富的化石记录。

狗（*Canis lupus familiaris*）的老祖宗是狼（*Canis lupus Linnaeus*），在人类演化的早期，我们就与狼共舞。大约1万多年前，人类已经成功地把狼驯化为狗。在洞穴的岩画上，在古埃及的墓葬中，都发现了狗与人类做伴的证据。早期人类的社会单元以及狩猎－采集的生活方式，与狼群的结构有许多相像之处，这也许是他们能和睦相处的基础。

人类最高贵的征服

　　布丰把对马的驯化称为"人类最高贵的征服"。如果没看过内蒙古大草原上牧民套马的场景，恐怕很难充分领会布丰此话的意思。

　　未经驯化的野马是异常刚烈勇猛、狂放不羁的。但一经牧马人驯服，马就变得非常温顺，并喜欢跟人亲近，甚至十分依恋人。马非常恋家，它们不会擅自离开主人，重返野外。马体格庞大，强劲有力，身材匀称，身姿优美；它引人注目，光彩熠熠，是家畜中的佼佼者。人们用它做战马、拉车、捕猎、赛马，它毫无保留地为人类服务，吃苦耐劳，俯首听命，竭尽全力。它既勇敢又温顺，既勤劳又坚韧，是人类最早、最重要的生活与生产资料之一。如果说狗是人类最忠实的朋友的话，马则是人类最勤恳的奴仆。

马从哪里来？

马在地质史上留下了丰富的化石记录，是进化生物学研究中展示生物演化的常用实例之一。19世纪后半叶是美国西部开发的时代，到西部落基山地区去挖化石，成为一种时尚。耶鲁大学有位30岁出头的教授，名叫马什，从距今大约5600万年的地层中，发现了一具几乎完整的哺乳动物骨架化石。研究表明，这个动物在活着的时候，个头儿跟狐狸差不多大，有意思的是，它的前脚有四个脚趾，后脚有三个脚趾，脚趾前端长有蹄子，这究竟是一种什么怪物呢？

马

马的老祖宗

古生物学家们经过仔细研究，发现这个奇怪的动物实际上是所有马的老祖宗，并给它起了个名字叫"始祖马"。大约4000万年前，从始祖马演化出了"渐新马"，渐新马比始祖马个头儿要大一些，而且前后脚都有三个脚趾，但中间的脚趾明显增大。到了大约1800万年前，渐新马的后代"草原古马"出现了，它的个头儿更大，而且前后脚左右两侧的脚趾已经变得很小，主要靠中趾行走了。

马的演化

从草原古马演化出两支后代，一支叫"三趾马"，另一支叫"上新马"。经过几百万年的演化，三趾马曾是非常繁盛的马类，在北美洲新生的大草原上占据统治地位，并向外迁徙、扩散到欧亚大陆和非洲。中国北方有丰富的三趾马化石，过去中药铺里的药材"龙骨"，大多是三趾马的牙齿和骨骼化石。

大约50万年前，三趾马在全世界范围内灭绝了，只有北美洲还有马类的另一支"上新马"幸存了下来，在大约45万年前，从中演化出了"真马"。后来，真马又迁徙、扩散到了欧亚大陆以及南美洲，这就是我们今天所熟悉的马。

马在几千万年的演化过程中，体形变得越来越大，头骨变得越来越高，腿脚与面部变得越来越长，脚趾变得越来越少（最后只剩一个强壮的中趾），牙齿与脑部也变得越来越大并越来越复杂，四肢变得越来越强壮，背部变得越来越直，越来越硬，由最初不起眼的始祖马变成如今的高头大马。

杜甫有一首著名的诗《房兵曹胡马》："胡马大宛名，锋棱瘦骨成。竹批双耳峻，风入四蹄轻。所向无空阔，真堪托死生。骁腾有如此，万里可横行。"我想，布丰一定会喜欢这首诗的。

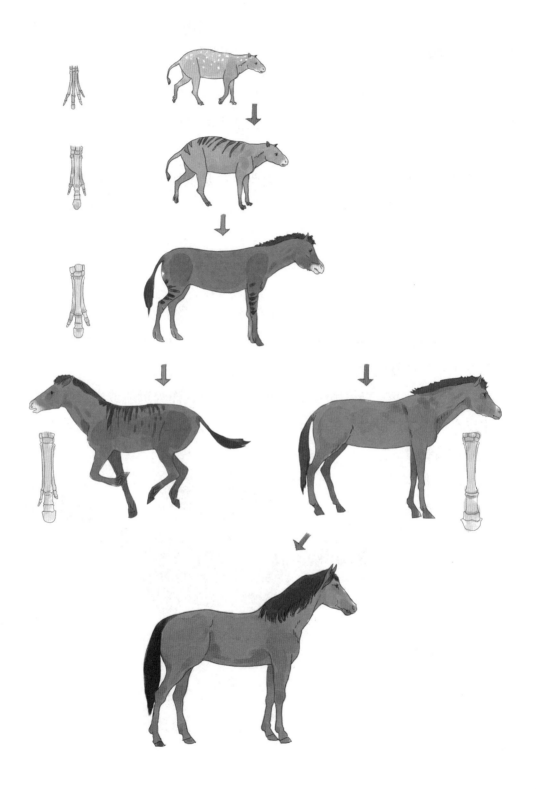

俯首甘为孺子牛

鲁迅写过"横眉冷对千夫指，俯首甘为孺子牛"的著名诗句，对牛的品格赞美有加。他曾自比作牛，吃的是草，挤出的是奶、血，来表达自己的奉献精神。

由于中国长期以来是农耕社会，因此，牛是重要的生产资料之一，也是最重要的家畜之一。牛在中国甚至比马更受人们的厚爱，便是不难理解的了。

牛浑身都是宝

除了耕地、拉车之外，布丰历数了牛浑身上下的经济价值：

母牛浑身都是宝，牛奶是富含营养的饮品，黄油是多数菜肴的作料，奶酪是西餐中不可或缺的食材，牛肉则是美味健康的食物。

在许多欧美国家，人们腌制或熏制大量牛肉，作为远航或出口的重要食品。牛皮有数不尽的用途，牛革制品如皮夹克、皮包、皮鞋，都是上等的生活用品。牛角被制作成最早的饮用器皿以及号角，还可制成各种各样的日用品，如牛角梳、牛角盒、牛角笔架、牛角饰品等。

就连牛粪也是宝，既可以做肥料，也可以做燃料。

羊与牛同科

在牛之后紧接着讨论羊，是再合适不过的了，因为在动物分类上，羊是属于牛科（即洞角科）的！对，你没有看错，动物分类学中没有羊科，只有牛科下面的羊亚科，而我们所熟悉的山羊与绵羊都属于羊亚科，它们跟牛同属于牛科。

羊

绵羊山羊，大不一样

《自然史》中只有"绵羊"的条目，而"山羊"则是在讨论"从一个种属到另一个种属"的关系时才提到的。布丰指出，山羊与绵羊在种属之间的差别恐怕比马与驴的差别还要大。尽管山羊很喜欢与异性的绵羊交配，但它们的后代跟骡子（即马与驴杂交所生育的后代）一样，都是不能再传代的。在生物分类学上，马与驴分别属于马属里面不同的物种，而山羊与绵羊则分别属于不同的"属"。因此，在分类学上，山羊与绵羊之间的差别，确实要比马与驴的差别大得多。

总之，家羊包括了分属两个不同"属"的山羊与绵羊。考古资料表明：1万多年前，亚洲西南部的农业文明兴起之时，人们驯化了那里的野山羊与野绵羊；后来随着人类的迁徙与扩散，就把驯化后的家畜山羊与绵羊带到了世界各地。山羊与绵羊在外表上的区别，主要表现在它们头顶上的那对角：山羊角是呈尖刀状的弯角，而绵羊角则是螺旋状弯角。分子生物学与古生物学研究显示，山羊与绵羊在大约400万年前就"分家"了；换句话说，它们的共同祖先要追溯到400多万年以前。

温顺如绵羊

绵羊是出了名的温顺与腼腆，大概正是胆小的缘故，它们才频繁地聚集在一起，成群结队地活动。相比起来，山羊胆量较大，性情更为活泼，因此，牧羊人常常训练山羊作为绵羊群的领头羊。经过训练的领头羊走在羊群的前头，就像行军队伍中带队的一样。为了防止领头羊偷懒，牧羊人还训练牧羊犬来"督阵"，让它来指挥甚至保护缺乏行动力的羊群。人类能把原本偷袭羊群的狼驯化成保护羊群的牧羊犬，可见人类的高度智慧。正是这种智慧，使他们在生存斗争中几乎无往而不胜。

贪吃有什么错？

布丰笔下的猪生性粗鲁，习惯粗野，口味肮脏，好吃懒做等。不过，他不得不承认，只要提供丰富的饲料，不出几个月就可以把猪养肥。猪肉肉质好，猪下水也能烧出好菜来。猪的浑身也都是宝：猪皮可做衣料、鞋子和皮包等，猪毛还可以做刷子。人们为了在短期内催肥它，给它吃很多东西，那么怎么又反过来责怪它贪吃呢？

跟马、牛、羊不同的是，猪是需要吃粮食、坚果以及蔬菜的，据说，这也是历史上沙漠地区不养猪的主要原因。由于沙漠地区土地贫瘠，粮食短缺，人类不能与猪共享有限的粮食作物，因此，只好选择饲养食草动物马、牛、羊作为家畜。

猫

猫的多重性格

　　布丰笔下的猫具有多重性格：机灵、讨喜、狡猾、调皮捣蛋、对主人不忠诚。猫大多体态轻盈，相貌漂亮，爱干净，图安逸。猫在小时候尤其欢乐，活跃，讨人喜欢，小朋友们也喜欢跟它玩耍，只要注意不要被它尖锐的爪子划破皮肉就好。猫生性机敏，善于捕捉老鼠、青蛙、蜥蜴甚至兔子等小动物，因此，尽管猫不像狗对人那么忠诚，人们也爱养它。俗话说，不管白猫黑猫，逮住老鼠就是好猫。人们最初养猫，多半是为了捕捉家中那些令人讨厌的老鼠。然而，随着相处时间的增长，人与猫之间的关系也逐渐变得水乳交融。如今，猫成了最常见的宠物之一。

老鼠被冤枉了

十二生肖中没有猫，却有老鼠。其实，考古学研究表明：老鼠本来就是比猫先进入"寻常百姓家"的，按资历，也应该是老鼠有份儿，而没有猫的份儿。当人类最初进入农耕社会，家里建起了粮仓，老鼠就开始潜入粮仓偷粮食吃。老鼠偷吃粮食把自己养肥了，它的天敌野猫便开始疯狂捕食它。人们发现野猫能够治住老鼠，便开始驯养猫。然而，由于猫生性顽劣，最不容易被驯化，直到大约9000年前，埃及人才比较成功地驯养了家猫。等到猫传到中国时，十二生肖早就排定了。所以，是猫自个儿没赶上"末班车"，压根儿怨不得老鼠。

瞧这一家子！

布丰把灵长类动物统称为"猴"，其中包括狐猴、长尾猴、卷尾猴、无尾猴、狒狒、猩猩以及长臂猿等。狐猴也分好几种，它们都有一条长长的尾巴，手和足的形状跟我们常见的猴子差不多，但个头儿要小一些，吻部更狭长一些。我们在动物园猴山所常见的猴子大多是卷尾猴或长尾猴，它们聪明伶俐，特别活跃，性情温顺，讨人喜欢。卷尾猴主要分布在新大陆的中、南美洲，而长尾猴、无尾猴则是旧大陆中非洲和亚洲的种类。

由于生活在树上，猴类的共同特征是有一对朝向前方的眼眶以及一双拇指（或趾）与其他指（或趾）分开，并可以对握的手（或脚）。朝向前方的双眼可以看到远距离的前方，对握的手脚容易抓握树枝，这对于生活在树上十分重要。再加上能够钩住树干或树枝的尾巴，猴子们能够非常灵活地穿梭于树枝之间。

1. 獴美狐猴　2. 白掌长臂猿　3. 黑猩猩　4. 几内亚狒狒
5. 狨猴　6. 白喉三趾树懒　7. 红脸蜘蛛猴　8. 山魈

猿与猴的不同

把灵长类统称为"猴"，其实在科学上是不严谨的，长臂猿和猩猩属于猿类。虽然同属灵长类动物，猿类与猴类却有很多明显的区别，比如，猿类没有尾巴，体形比猴类要大，脑子也大得多，因此也更聪明，跟我们人类长得更像。黑猩猩也懂得使用工具，比如它们能用细树枝挖白蚁。然而，它们无法像人类祖先那样制造工具（比如打制石器等）。

人类的近亲

事实上，正如前面已经提到的，猩猩是我们的近亲。1842年，维多利亚女王参观了伦敦动物园，她第一次看到了名叫"珍妮"的红毛猩猩。据说，女王的心灵当时受到了巨大的震撼，竟忍不住惊叹："她长得多么像人啊！这太可怕、太令人痛心、太令人难以接受啦！"

我们的祖先不仅外貌很像猩猩，也曾过着类似猩猩那样的生活。直到500多万年前，才与其他的类人猿"分道扬镳"，开始在东非大草原上尝试着新的活法。他们的社会生活变得更加复杂，人类的很多特征，比如脑容量大、智能、语言以及制造工具的能力等，也都可能是因此演化出来的。

布丰和他驯养的大猩猩

直立行走，告别丛林

古人类学研究表明，距今500万至300万年间，由于全球气候转冷，非洲原先绵亘的丛林，变成了参差驳杂的森林与开阔的原野地带。人类早期祖先的生活变得动荡不安，他们选择了与猩猩不同的生活方式应对这一巨变。猩猩继续留在森林中，死撑活挨地熬了下来，并永远留在了那里。而人类早期祖先却"铤而走险"，走出了密林，适应了东非开阔的原野。他们更多地用两条腿直立行走，脚趾变得跟手指不一样，腿变长了，头抬高了，背也挺直了。总之，他们的身体经历了一系列的变化与调整，与猩猩渐行渐远。

留下来的猩猩变得更加适应林中生活。时过境迁，现在的猩猩再也不可能演化成人类。然而，我们身上仍旧带有很多猩猩的印记。因此，我们有着共同祖先这一点，是无法否认的。

蝙蝠是一种怪物吗？

在布丰时代，人们对蝙蝠了解甚少，连它到底属于哪一个"纲"都还不清楚。因此，布丰感叹：蝙蝠既不是走兽（即哺乳动物），又不算飞鸟，但又具有这两类动物的属性，像是一种半兽半鸟的怪物！也许蝙蝠是一种进化得不完全的四足动物，或是进化得不完全的鸟。瞧，今天中小学生都了解的常识，当年却让这位大博物学家头疼，由此可见，近300年来科学已经取得了多么大的进步啊！

然而，布丰指出：除了会飞之外，蝙蝠跟鸟类没有其他任何共同之处。它生有乳房，给子女哺乳；它长有牙齿，捕食蚊子、蛾子之类的飞虫。他还注意到，蝙蝠喜欢在黑暗中活动，有冬眠的习惯。他倾向于认为，蝙蝠属于一般的四足动物。

蝙蝠的习性

其实，蝙蝠可不是一般的四足动物，而是很特别的哺乳动物，是哺乳动物中唯一能真正飞翔的种类。它的翅膀由皮膜构成，跟鸟类的羽翼完全不同。大多数蝙蝠的视力都不好，它们用超声波探路，避开飞行中的障碍，并用回声定位，准确地捕捉飞虫。这些跟它们的视力好坏并没有必然联系。雷达探测就是模仿蝙蝠的回声定位原理。

蝙蝠虽然以捕食昆虫为主，但也有些种类喜欢吃果实或吸食花蜜，还有些种类吃鱼或其他小动物，甚至还有吸食其他动物的血液的。

蝙蝠历史悠久

一般说来，会飞行的动物不太容易保存成为化石，但也有不少例外。由于蝙蝠的种类和数量都很多，因此保存为化石的机会也增多了。古生物学家们曾在美国怀俄明州有名的绿河组页岩中发现过保存得非常完整的蝙蝠化石。页岩是在古代湖泊中沉积下来的、一层一层薄如纸一般的岩石层，由于沉积物的颗粒非常细，因此化石保存得很完美。这些蝙蝠生活在大约5200万年以前，所以蝙蝠的历史很悠久。这些远古时代的蝙蝠化石跟现在的蝙蝠很相似，因此很容易识别。从牙齿的样子判断，这些古蝙蝠也是吃昆虫的。

蝙蝠地理分布很广

蝙蝠的地理分布也十分广泛，除了南北两极和极少数偏远的大洋小岛之外，几乎遍及全世界。它们喜欢生活在洞穴、岩石缝隙或树洞中，它们是夜行性的群居动物，尽量避开与鸟类直接竞争。

大的蝙蝠群可聚集几百万只蝙蝠，黑压压的一条长龙，十分壮观，以至于有专门观赏蝙蝠群的生态观光活动，就像户外观鸟一样。

据古生物学家们研究，蝙蝠这类很特别的动物最早可能起源于原始的"食虫类"哺乳动物。那么，"食虫类"哺乳动物究竟是什么样子？现在还有这类动物吗？

"刺猬懂得精"

大家所熟悉的刺猬，是"食虫类"哺乳动物的现生代表之一。

布丰写道，古谚曰："狐狸懂得多，刺猬懂得精。"意思是说，狐狸诡计多端，但还不及刺猬精明。刺猬知道如何自保，它有天然的盔甲兼杀伤性武器（即浑身长满了尖利的刺）。面对强敌，它无须逃之夭夭，只要蜷缩一下，就令对方束手无策，一筹莫展。狐狸虽然狡猾，但即便抓住刺猬，也拿它没辙。由于刺猬浑身是刺，狐狸无从下口。如果狐狸要咬刺猬的话，定会满嘴流血。

刺猬的习性

刺猬虽然浑身长着刺，却性格温顺，甚至有点儿腼腆。远不像人们形容不合群的人那样，说某人浑身是刺。体形较小的品种，小到可以放入掌心，非常可爱，因此常被人们当作宠物来养。刺猬身上的刺，实际上是由毛发演化而来的。

刺猬

刺猬跟蝙蝠一样，喜欢白天睡觉，晚上才出来活动。刺猬也冬眠，而生活在中东地区的沙漠猬却夏眠。刺猬喜欢吃蠕虫、蚁类、蛹，偶尔也偷果子吃。由于刺猬吃大量的害虫，因此被人类视为益兽。

刺猬只分布在"旧大陆"（即欧洲、亚洲与非洲），新西兰的刺猬是通过人类引进的，而不是土生土长的。

为什么用"熊熊"来形容火势迅猛？

熊是大型肉食类哺乳动物之一。它生性野蛮，凶猛孤僻，喜欢独居。熊的体形庞大，四肢粗壮有力，外貌看似笨拙，但奔跑迅速并极有耐力。

如果你在野外看到过野火蔓延的景象，再联想到熊的狂奔乱跑的话，就自然能理解"熊熊大火"是何等形象与贴切了。

尽管熊的天性勇猛野蛮，或者说它天生不怕危险，漠视群雄，它却选择避世独处，住在密林之中或古老的岩洞里。

熊

有肉也可，无肉也行

熊虽是肉食动物，但并不是非吃肉不可的。其实，它从不挑食，小动物也好，野果也好，昆虫也好，坚果也好，一概来者不拒，它甚至还喝蜂蜜呢！大熊猫则是专门吃植物的——宁可不见肉，不可食无竹。

熊的鼻子特别"尖"（嗅觉灵敏）。记得我们当年在美国西部黄石国家公园进行地质实习时，晚上露营住帐篷，公园管理人员特别提醒我们：帐篷或车子里一定不能放任何食物，否则，熊远远地闻到了食物的气味，就会不请自来。

熊一般不会轻易袭击人，可是，如果闻到食物的气味，它们会撕破帐篷或打碎汽车玻璃窗。同时，因为熊是吃腐肉的，万一熟睡中的人被误当作死人来啃——那就惨了。

可爱的北极熊

北极熊（即白熊）生活在北极圈附近的北冰洋地区，它们以捕食鱼、海豹以及海象为生，没法儿远离海岸，多数时间干脆待在漂浮的巨大冰块上。北极熊身上透明的毛发在极地阳光与冰雪的反射下呈乳白色，所以又称作白熊。同时，这也是它们的天然保护色，它们行走在浮冰上追捕猎物，却不容易被对方发现。

北极熊身躯肥胖，看起来笨拙憨厚可爱，然而，它们在捕捉猎物时，却相当敏捷凶狠。它们既是游泳健将，也是短跑能手——如果看到近岸的驯鹿或北极兔，它们也能飞速地捕获。

由于海豹、海象体内饱含油脂，以它们为食的北极熊也是一身膘。北极熊的肉颇为可口，皮毛又是制作衣物的绝佳原料，因此，它们一直是人们捕猎的对象。

保护环境，保护北极熊

近几十年来，由于全球气候变暖、环境污染、海冰减少、栖息地萎缩、极地矿产开采等因素影响，加上人类的恣意捕杀，北极熊数量急剧减少，现在已经变为濒临灭绝的物种。有的科学家预测，如果人类不抑制自身的贪欲，不保护好地球环境，北极熊极有可能在本世纪内灭绝。

前不久，我们从动物保护人士拍摄的影片中，看到由于觅食困难，北极熊枯瘦如柴，被迫爬上岸来，到附近镇子上的垃圾桶里翻找食物的镜头，真是让人心碎。因此，我们每个人都要从自己做起，珍惜地球生态，保护环境，保护北极熊以及其他野生动物资源。

海豹与海狮的区别

海豹与海狮乍看起来很像，而且它们之间的亲缘关系也很近，它们都属于鳍足类哺乳动物。二者的体形都像纺锤，前后足也都像鱼鳍的形状。它们之间的主要区别在于：

1.海豹的耳朵没有外耳郭（即没有外露的耳朵），只是在脑袋两边各有一个小小的耳孔；而海狮却有一对外耳郭（即有外露的耳朵），因此海狮有时也被称为"有耳郭的海豹"。

2.海豹游泳主要靠后面一对鳍足，而海狮游泳则主要靠前面一对鳍足。

3.海豹的后面一对鳍足不能朝前，在陆地上不能行走，只能靠全身蠕动前行；而海狮的后鳍足可以朝前，可以支撑身体，因此可以在陆地上行走。

海豹与海狮都是水陆两栖的动物，既不怕冷也不怕热，在地球上分布很广。

海狮

"海中的大象"

除了海豹与海狮之外，鳍足类中还有一个大明星——海象。顾名思义，海象是生活在海里、长得像大象一样的动物。但是，海象除了那两颗巨大的"象牙"之外，跟大象一点儿关系也没有！它既不像真正的大象那样肥头大耳，也没有长长的鼻子，而且四肢也都像鱼鳍一样，因此，它跟海豹与海狮才是同类。

海象主要分布在北极海域。海象结群而居，大的海象群有成千上万只，它们在天气暖和的日子上岸"晒太阳"时，"红"压压一大片，非常壮观！海象有特别厚的皮下脂肪层，它们在冰水中活动时，体表毛细血管收缩，血液在厚厚的脂肪层下流动，此时皮肤颜色发白。在岸上"晒太阳"时，毛细血管迅速膨胀，外表看起来就成深红色了。因此，海象的皮肤似乎像变色龙似的会变色。

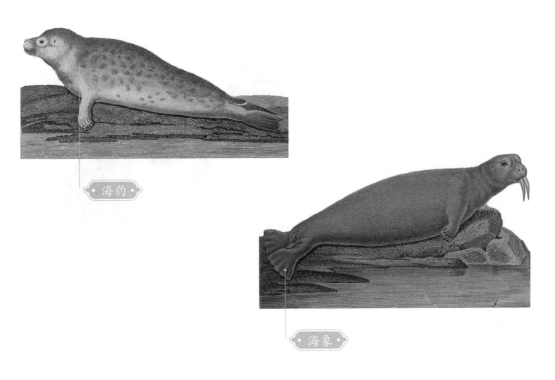

·海豹·

·海象·

多功能的"象牙"

　　海象外貌的惊人之处就在于那一对巨型"象牙",即特化了的犬齿。这对獠牙的用途多了去啦!

　　首先,獠牙的大小象征着实力与地位。由于海象是群居动物,"象牙"大小是实力的象征;"象牙"大的海象,自然在争夺地盘和配偶时,能"技压群雄"。其次,獠牙也是海象防身的武器,当遭遇到北极熊等天敌时,它们就会亮出自己的武器。

　　此外,"象牙"还是海象的生活工具。行走时,可以将它们当作冰镐或滑雪杆,帮助自己在冰面或雪地上快速前行。在水下,又可以用"象牙"去挖埋在泥沙里的贝类吃。即便像牡蛎这样壳很硬的食物,也全然难不倒海象。

"郎才配女貌,豺狼配虎豹"

　　这是一句俗话,曾出现在《二十年目睹之怪现状》一书中。"豺狼虎豹"一般泛指危害人畜的各种猛兽,人们也引申用来形容凶恶的敌人。布丰花了很多笔墨一一描述了这四种动物。

　　首先要指出的是,这四种动物虽然都属于肉食动物,但豺与狼属于犬科,与狗亲缘关系相近,而虎与豹(还有后面要讲到的狮子)

豺

属于猫科，与猫亲缘关系相近。因此，豺狼与虎豹之间的"配"，仅仅指它们凶猛的捕食习性相像而已。

介于狼和狗之间的豺

豺既有狼的凶残，也有点儿狗的随和。它比狼贪吃，却又比狗喧闹。跟狼群一样，豺也是成群捕猎，它们以捕食小动物以及偷袭家畜为生，因此，人们非常讨厌它们。大概正因为如此，它们才排在四害之首而成为"豺老大"，否则，论大小和气力，它只能排在最后。在缺乏新鲜猎物的情况下，豺也吃腐肉，包括"盗墓"——吃人的尸体——所以，它们格外招人恨。

另一种说法是，豺偷袭家畜，常被人们看到，它们撕咬猎物的场景，让人们感到格外凶残，毕竟很少有人看到虎豹的"暴行"，而形成鲜明的对比。这也成就了豺在"豺狼虎豹"中的"老大"地位。然而，目前在全世界范围内，豺成了濒危物种。

外强中干的狼

狼是肉食动物中胃口最大者之一，大自然相应地赋予了它浑身十八般武艺：强壮有力、迅速敏捷、性情狡诈而凶狠等。尽管如此，狼依然常常挨饿。它由于喜欢偷袭家养动物（如羊羔、小狗、小马等），跟人类结下了梁子，被人类穷追猛打，逃回了丛林。在那里，它必须要去捕捉那些比它跑得快的动物。因此，外表凶猛但内心怯懦的狼，因渴望变得灵活，因需求变得勇敢，因饥饿变得铤而走险，除了袭击家畜之外，甚至伤害妇女与儿童。大家一定记得"狼外婆"的故事吧？与人为敌的狼，其结局可想而知——因为人类具有高度的智慧。

由于狼的这些坏名声，大家忽略了一个基本事实：狼对人类的恐惧，远远超过我们对它的恐惧。

狼

狼并没有那么坏

　　布丰笔下的狼，生性邪恶，脾气暴躁，模样野蛮，神色卑劣，声音可怕，气味难闻，令人十分厌恶。然而，事实与布丰的描述以及童话、传说并不相同，其实狼并没有那么坏。狼是美丽而聪明的动物，狼群有高度的社会性，它们之间互相关爱，尤其是爱抚幼崽。也许正因为如此，人类才能从狼群中驯化出狗的祖先，而狗变成了我们最忠实的朋友。

　　此外，从保护生物链完整以及维持生态平衡的角度，狼被视为草原的守护神，是有益的动物。因为狼是一些食草动物和啮齿动物的天敌，没有狼的捕猎，便会导致后者泛滥成灾，以至于破坏草原生态，加速草原的沙漠化。因此，很多国家的野生动物保护机构近年来鼓励研究与保护狼。

虎虎有生气

在中国文化中，虎（又称"大虫"）是百兽之王。"虎虎有生气"用来形容气势威猛、旺盛的生命力。东北虎（即西伯利亚虎）是体形最大的现生猫科动物，比号称狮子王的非洲狮的块头还要大。

布丰说，唯一不愿委屈自己天性的动物，当属老虎。老虎的凶狠胜过狮子，是大型肉食动物中最凶猛的。老虎生性刚强，软硬不吃，而且六亲不认，不管任何野兽，它都敢袭击，甚至连狮王也不放过。

一般来说，老虎并不捕猎人类，但也有些受过伤或年老体弱的老虎，难以在丛林中捕猎其他野兽，转而袭击人类与家畜。老虎吃人的故事，在中国最有名的莫过于《水浒传》中所写的"武松打虎"了。

虎

豹死留皮，人死留名

豹子与大型猫科动物狮子以及老虎相比，体形最小，平均体长只有2米左右，但它是豺狼虎豹中的"快跑冠军"，时速高达八九十公里。它头圆颈短，四肢强壮，目光冷峻，模样凶狠，牙齿锋利，动作迅捷，行踪隐秘，是捕猎高手，连凶猛的雄鹿和公野猪也不放过。

豹子生有美丽的毛皮，不同种类的豹子有不同的花纹和斑点，能制成颜色鲜明、美丽万分的皮衣，为人类所喜爱，因此非常珍贵。宋代诗人邵雍《梅花诗》中有以下名句："豹死犹留皮一袭，最佳秋色在长安。"

·豹子·

"兽中之王"狮子

狮子素有"兽中之王"的美名。它健美的外观（比如，躯体均匀，四肢中长，长尾短毛，体态轻盈），尤其是雄狮颈部那一圈长鬣，凸显阳刚特质。狮子尤其被非洲部落崇敬与赞美。音乐剧《狮子王》在百老汇长演不衰。

狮子是大型猫科动物中唯一一种雌雄两态的动物，即雄狮和雌狮在外表上差别很大，最明显的是雄狮颈部有长鬣，而雌狮没有。狮子过着以雄性为主的群体生活，是"一夫多妻"制。狮子吼声最为响亮，数公里之外都能听到。

盲人摸象

如果有人问你，它的一对牙齿像棍棒，耳朵像大蒲扇，腿像圆柱子，肚子像一堵墙，还甩着长鼻子，这是什么动物？我想，恐怕问题只说出来一半，你就知道答案啦！因为你一定听过《盲人摸象》的故事。

象属于哺乳动物纲长鼻目，现在主要有两类：一类是分布在东南亚与南亚地区的亚洲象（即印度象），另一类是分布在非洲的非洲象。两者之间明显的区别在于非洲象的耳朵比亚洲象的耳朵大很多。

非洲象

105

人类的好帮手

大象是目前陆地上体形最大、最雄伟的动物，它的记忆力超好，智力上接近人类。大象生性温柔顺从，聪明强壮，依恋主人，因此多被驯养成人类的好帮手。它拖车、推磨、犁地、运输，样样活儿都能干。在古代战场上，人们还曾用经过训练的战象为他们冲锋陷阵呢！

丰富的象化石记录

古生物学家们在世界各地发现了很多象化石，中国的象化石记录也非常丰富。最古老的象化石的年代大约距今6000万年，那时大象的祖先还没有长（cháng）鼻子呢！现在的大象都生活在热带及亚热带地区，但在地球上最近一次冰期，曾出现过一种全身披着长毛的猛犸象。

1973年春，中国科学家曾在甘肃合水挖掘出一具完整的象骨架化石，被命名为"黄河象"。中国小学语文课本里有一篇《黄河象》的课文，说的就是发现这一化石的故事。

"刀枪不入"的犀牛

犀牛是体形仅次于大象的大型陆生哺乳动物，它跟马同属于奇蹄目，也就是说，它与马的蹄子上的脚趾数都是奇数（即单数）：马为一，犀牛的前后蹄子各有三个短趾。犀牛身体粗壮，肥健笨拙，全身的皮极厚而且粗糙坚韧，如同披了一身"盔甲"，狮子老虎的利爪以及猎人的铁矛与火器，都无法穿透，蚊叮虫咬更无丝毫感觉。大多数犀牛身上没有毛发。头上长有实心的独角或双角（有的雌性无角），犀牛角坚硬稳固，是很厉害的攻击性武器。

犀牛主要分布在东南亚与非洲，亚洲犀牛已濒临绝种，非洲犀牛也岌岌可危。但在地球历史上，犀牛曾经很繁盛，因此也留下了种类和数量都很丰富的化石记录。

犀牛

半水生的河马

在动物园里见过河马的小朋友都知道，它们喜欢在泥沼中玩耍、打滚儿，这是因为它们离不开水。河马的块头仅次于大象与犀牛，但它是半水生的，栖息在非洲的河流或湖泊中。河马是杂食性动物，主要吃水草，还经常上岸偷吃农作物，偶尔也吃动物的尸体，甚至会攻击鳄鱼和人类。

河马其实跟马没什么关系，只是叫声跟马相似而已。在生物分类系统里，河马属于偶蹄目，跟猪、牛、羊同属脚趾数目为偶数（即双数）的偶蹄类哺乳动物。下面接着介绍几种大家比较熟悉的偶蹄目动物。

河马

"沙漠之舟"骆驼

阿拉伯人把骆驼视为神圣的动物，是上天对他们的恩赐。没有骆驼相助，他们很难生存，比如，他们喝骆驼奶，吃骆驼肉，用驼毛制作衣料和毛毯等，使用骆驼在沙漠中旅行、运输、经商甚至作战。

看过《乔家大院》的小朋友，应该记得乔家到口外（即长城以北地区）经商，骆驼是他们重要的运输工具。在中国，骆驼素有"沙漠之舟"的美称。骆驼的价值超过大象，比马与牛合起来都珍贵。它能负重，省草料，而且吃苦耐劳，细心顺从。

骆驼

来自大自然的坚韧、美丽与善良

布丰认为，骆驼的坚韧、美丽与善良的特质，全都来自大自然。骆驼能生活在极其恶劣的沙漠环境里，夏天，沙漠地表温度高达70℃以上，骆驼照样能负重行走。骆驼的脚掌有厚厚一层肉垫，不仅防烫，还能防止骆驼陷入松软的沙窝里而不能自拔。骆驼的睫毛很长，耳窝里生有许多细长的毛，鼻孔也可以随时关闭，这些都帮助它阻止风沙侵入体内。

骆驼身上长有一个或者两个驼峰，并因此分别被称为单峰驼与双峰驼。驼峰里贮藏着脂肪（而不是通常所传说的水），长时间缺乏食物时，这些脂肪会自动转化为营养与水分，来维持生命。骆驼很耐渴，它遇到水源时，会拼命地喝水，喝下的水既能存在胃里备用，同时也能通过体循环把水分迅速扩散到全身的细胞里储存起来。

鹿——丛林中的高贵者

布丰笔下的鹿是丛林中的高贵者——天真、温厚、安谧、优雅、轻盈，它们装点了孤寂的森林，为其平添了生气与情趣。鹿身材苗条，四肢修长，轻巧灵活，富有力量，矫健迅捷。它们不仅善于奔跑，还擅长游泳，常常令追猎它们的猛兽望尘莫及，空手而归。鹿一般喜欢群居，也能被驯养，是人类（尤其是小朋友们）喜爱的动物之一。

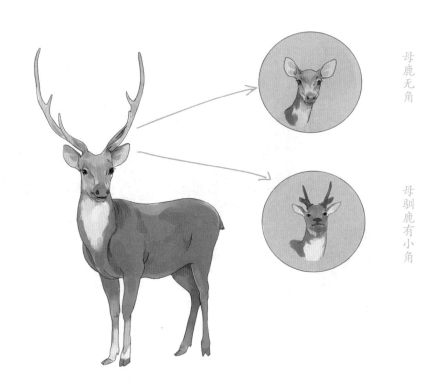

母鹿无角

母驯鹿有小角

通常只有雄鹿头上长鹿角，但是有些雌鹿也长鹿角，不过比雄鹿的要小许多。鹿角每年都要更新。每年春天，当新角长出来尚未骨化时，鹿角上会覆盖着密密的茸毛，这时的角即鹿茸。鹿主要以嫩叶、嫩草、蘑菇和果子等为食。

动物中的"高富帅"——长颈鹿

布丰说，长颈鹿是最高大、最美丽的"头等"动物之一。那么，按照当下的流行说法，它堪称是动物中的"高富帅"了。长颈鹿是非洲特有的动物，别看它的脖子那么长，里面颈椎的数目也是7，跟我们及其他哺乳动物的颈椎数一模一样。

官仓老鼠大如斗

官仓老鼠是古代讽刺贪官的。前面在谈到猫的驯化时，曾提到人们最初养猫的主要目的就是捉老鼠。从某种意义上看，没有老鼠的话，恐怕猫也不会变成人类的宠物。老鼠属于啮齿目，这类动物自大约5000多万年前在地球上出现以来，种类繁多，神通广大，繁殖迅速，数量惊人，几乎遍布全球各地。它们有一个共同特征：都有一对终生生长的门牙。所以，老鼠即便肚子圆圆不想吃东西，也要不停地啃东西磨牙。有个歇后语是"老鼠啃书箱——咬文嚼字"，其实它们不是要吃书，就是为了磨牙，因此，老鼠特别招人厌。但啮齿动物中，也有比较不招人厌的，比如会滑翔的鼯鼠、水中的河狸以及可爱的花栗鼠等。当然，最讨人喜欢的要数松鼠了。

长颈鹿

老鼠

漂亮的松鼠

布丰描绘松鼠的文字非常优美，被选入了中国的小学语文课本。在他的笔下，松鼠是一种漂亮的小动物，驯良，乖巧，讨人喜欢：

它们面容清秀，眼睛闪闪有光，身体矫健，四肢轻快，非常敏捷，非常机警。玲珑的小面孔，衬上一条帽缨形的美丽的尾巴，显得格外漂亮；尾巴老是翘起来，一直翘到头上，身子就躲在尾巴底下歇凉。它们常常挺直身子坐着，像人们用手一样，用前爪往嘴里送东西吃。可以说，松鼠最不像四足兽了。

我刚到美国伯克利加州大学留学时，看到校园里松鼠在树上跳来跳去，互相追逐嬉戏，旁若无人的情景，印象十分深刻。

虽然松鼠偶尔也捕捉小鸟，却不是肉食动物，它们爱吃杏仁、榛子、榉实和橡子等坚果，还会把这些坚果储存起来过冬呢。

·松鼠·

·兔子·

温柔腼腆的兔子

兔子是小朋友们很熟悉的动物，它们温柔可爱，性格腼腆，胆子很小。常见的家兔，是人们驯养的宠物之一。也有人养兔子纯粹出于经济目的，比如收获兔肉和兔毛。家兔的颜色以白色居多，又称大白兔或小白兔。野生兔子主要分为野兔和穴兔两种，它们大多是灰色的。大自然只给兔子身上设定了三色游戏：灰、白、黑。全白、深灰以及杂色的兔子比较常见，纯黑的兔子较少。

其实野兔并不野蛮，只是野生而已。野兔一般筑巢独居，不同野兔的巢窝之间有一定的间距。它们视力不太灵光，但听觉极好，落叶的声响都会令它们惊慌失措，迅速逃离。穴兔，顾名思义，爱躲在自己在地表打的洞里。它们的胆子也很小，为了躲避敌害，常常会打好几个洞作为巢穴，因此，就有了我们所熟悉的成语——狡兔三窟。

兔子老鼠一家亲吗？

布丰在《自然史》中认为，兔子与鼠类都属于啮齿目。但自20世纪20年代以后的50年间，科学家们一直认为，兔子与鼠类之间没有任何亲缘关系。直到70年代，中国古生物学家在安徽潜山发现了兔子的祖先"模鼠兔"化石，才算重新认识了兔子与鼠类之间的亲缘关系。兔子与鼠类都生有一对终生生长的大门牙，不过跟鼠类不同的是，兔子的大门牙后面还有一对小门牙。因此，现在生物分类上，把兔子放在双门齿目，而鼠类则放在单门齿目，两者同属啮形超目，兔子与鼠类又重新变成了"一家亲"。

南美洲奇异的动物——贫齿类

南美洲有一些独特奇异的兽类，在生物分类上属于比较原始的哺乳动物类型，称为贫齿类。顾名思义，"贫齿"是缺少牙齿的意思，也是这一类群拉丁语名称的原意。事实上，除了其中的食蚁兽没有牙齿之外，其他成员都生有牙齿。比如，犰狳的牙齿多达100颗，而我们人类最多只有32颗牙齿。不过，贫齿类的牙齿，跟我们人类以及绝大多数哺乳动物的牙齿大不一样！我们以及绝大多数哺乳动物的牙齿，一般分为四类：门齿（即门牙）、犬齿（俗称"狗牙"）、前臼齿(又称前磨牙)以及臼齿（即磨牙或俗称"板牙"），牙齿外面都有闪亮坚硬的釉质层。而贫齿类的牙齿，没有门齿与犬齿，前臼齿与臼齿都呈钉子一样的细圆柱状，而且外表没有釉质层。

背负"龟壳"的犰狳

犰狳的样子很奇特，它们的身上背着一个像龟壳一样的大盖子，从头至尾裹得挺严实，外面还包着一层光滑透明、细薄的皮，只有喉部、胸部以及肚子的腹面是裸露的，肤色发白，活像拔光了毛的鸡。

犰狳身上的盖子跟龟壳不同，不是一整块，而是呈带状的，由一条一条紧挨着的、由骨板组成的横带包裹身体，通过薄膜般的皮连接在一起。根据带子的数目不等，分为"三带犰狳""六带犰狳""八带犰狳""九带犰狳""十二带犰狳"以及"十八带犰狳"。由于横带间的皮肤具有弹性，犰狳在遇到敌害时，能够像刺猬一样蜷缩成球状。

· 犰狳 ·

长舌食蚁兽

南美洲有三类特征相似、大小不同的食蚁兽，分别为食蚁兽、大食蚁兽以及小食蚁兽。它们的鼻子嘴巴狭长，口内无牙，舌头又圆又长。它们的舌头伸缩灵活，大食蚁兽的舌头能伸出嘴外长达50多厘米。它们的舌头可以自如地伸进蚁穴，舔食蚂蚁或白蚁；或者伸进树洞，捉食昆虫；还能吸食蜂蜜以及其他黏稠的食物。它们主要生活在潮湿的森林与沼泽地带，按照体形大小依次是大食蚁兽、小食蚁兽、食蚁兽，以食蚁兽最为小巧玲珑。

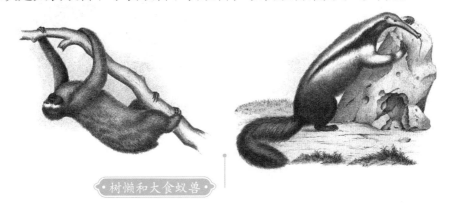

· 树懒和大食蚁兽 ·

达尔文与大树懒

布丰在《自然史》中没有提及另一类贫齿类动物——大树懒。这类动物及其化石，对达尔文来说，极为重要。他参加环球科考，在南美洲看到大树懒以及发现它们的化石之后，便产生了一个极为有趣和非常重要的想法：现生的大树懒很可能是从化石祖先那里演化而来的！这是他写作《物种起源》时的重要证据之一。

穿山甲不是贫齿类！

大家很熟悉的穿山甲，是一种浑身披挂鳞甲的哺乳动物，自布丰以来，曾长期被认为属于贫齿类，但新近的分子生物学与古生物学研究表明：穿山甲不属于贫齿类，而是属于鳞甲目。穿山甲的外表和习性，有很多跟贫齿类相似的地方，比如，头部细长，眼睛很小，口中无牙，身上披挂鳞甲，以蚁类为食，受到威胁或惊吓时蜷缩成球状等。因此，才长期被误认为是贫齿类动物。

在一些国家，穿山甲常被视为美味。在中国，穿山甲现在被列为国家二级保护动物，严禁捕杀或食用。非法捕猎、贩卖或走私穿山甲是犯罪行为。

穿山甲

澳大利亚袋鼠尚未知

虽然早在17世纪初，西班牙与荷兰航海家就曾先后发现澳大利亚大陆，但是，直到布丰写作《自然史》时，人们对澳大利亚的动物还几乎一无所知。像大袋鼠、考拉（即树袋熊）这些今天连小朋友们都耳熟能详的澳大利亚有袋类哺乳动物，布丰那时却不太了解。因此，在《自然史》中只记载了美洲的负鼠。对仅存于澳大利亚的另一类古老的单孔类哺乳动物，布丰也只字未提。大家熟知的鸭嘴兽就属于单孔类。

大袋鼠

美洲负鼠

负鼠在中美洲和北美洲南部很常见。跟澳大利亚大袋鼠一样，母负鼠的肚子上也有一个"袋袋"，新生的小负鼠躲进妈妈的袋子里，吃奶、睡觉或躲避外界的危险；母负鼠逃跑时，揣着腹部袋子里的小负鼠一起跑。负鼠长相不雅，似乎也比较笨拙。它们在穿越高速公路或城市的街道时，常常被来往的车辆撞死，在美国是很常见的暴尸路边（road kill）的动物。

负鼠

装死的负鼠

　　负鼠的英文名称是"opossum"，而"装死"的英语表达则是"play opossum"，也就是说，负鼠以善于装死而著称。它们是用装死来迷惑敌人、躲避敌害的，常能收到意想不到的效果。它们遭遇敌害时，会立即躺倒在地，呼吸停止，双眼紧闭，身体剧烈抖动，脸色变白，嘴巴张开，舌头伸出，长尾巴卷起，肚皮鼓得老大，活像人发癫痫一样。它们还会释放出一种极难闻的气味，这样一来，捕食者顷刻失去胃口，掉头而去。

奇异的鸭嘴兽

　　布丰在世时，欧洲人尚无缘见到澳大利亚的鸭嘴兽。直到18世纪末，第一个鸭嘴兽的剥制标本（即皮毛）才被探险家们带回了伦敦。由于鸭嘴兽实在太奇特了，它长着鸭子一样的嘴巴（即"喙"），脚趾之间有蹼，这些都是鸟的鲜明特征，但是全身却长有毛发——这无疑是哺乳动物的典型特征，因此，当时许多人见了，都不相信世界上真的有这种动物。他们认为，这又是亚洲人糊弄探险家，卖给他们的一种假造的怪物，就像之前所谓的"美人鱼"及"海龙"一样。

鸭嘴兽

后经动物学家们仔细研究，并没有发现造假的迹象。为了慎重起见，他们等到完整的、活生生的鸭嘴兽标本运到了伦敦，才最后确认这是一种很奇特的真实动物！更奇特的是，像爬行动物与鸟类一样，鸭嘴兽的幼崽是从蛋孵化出来的，而不是像哺乳动物那样的胎生（即母亲直接生出小宝宝）。可是，鸭嘴兽的母体也用分泌的乳汁哺育幼崽——这又是哺乳动物的典型特征！现在，科学家们发现，原来鸭嘴兽是最原始、最古老的哺乳动物之一。

鲸鱼不是鱼！

限于当时的认识水平，在《自然史》中，鲸鱼和海豚被认为属于鱼类。后来，科学家们发现，鲸鱼和海豚只是在外形上像鱼，实际上却是哺乳动物，而不是鱼！鲸鱼中的蓝鲸是目前地球上体形最大的动物，体长达30多米，体重可达180吨。

接下来，我们来谈谈飞禽。

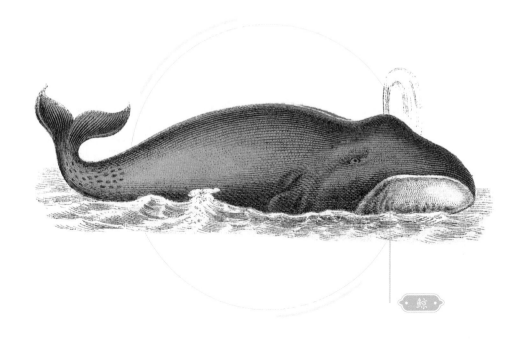

鲸

天高任鸟飞

鸟类种类繁多，全球大约有9000种以上。然而，并不是所有的鸟都能在高空飞翔。按照它们的形体特征和生活环境，鸟类大致可分为六大类。

1．猛禽：以捕猎其他动物为食的凶猛鸟类，比如苍鹰、猫头鹰等。它们一般都具有锐利的爪子和喙、敏锐的视力、机警的性格，善于飞翔。

2．鸣禽：鸟类中的"歌手"，比如黄鹂、夜莺、云雀等。

3．攀禽：适于在树上攀缘生活的鸟类，比如鹦鹉、啄木鸟等。

4．陆禽（即走禽）：适合在地面行走、飞行能力不太强的鸟类，比如鸡、鸵鸟等。

5．涉禽：常在水边走，但大多又不善游泳的鸟类，比如鹤类、鹭类等，它们一般腿长，嘴长，颈长。

6．游禽：主要在水里游动或水面游弋的"水鸟"，比如鹅、鸭、海鸥、天鹅、雁类等。

"黄犬苍鹰伐狐兔"

苍鹰是肉食性猛禽的代表，它主要以捕猎森林中的鼠、兔及一些中小型鸟类为食。苍鹰捕猎迅速凶猛，稳准狠，是杀伤力极大的"残忍杀手"，布丰形容它是一种美丽的鸟。苏轼有一首词，描述他任密州知州时出外打猎的情景："老夫聊发少年狂，左牵黄，右擎苍"，他左手牵着黄狗，右臂举着苍鹰，一身豪气，"英雄不减当年"！黄庭坚也有诗云："当年游侠成都路，黄犬苍鹰伐狐兔。"

苍鹰别名牙鹰，是鹰科鹰属中一种中到大型的猛禽。视觉敏锐，叫声尖锐洪亮，善于飞翔。见于整个北半球温带森林及寒带森林。

小嘴乌鸦是雀形目中体形最大的几个物种之一，为杂食性鸟类，是自然界的清洁工，种群数量稳定，因此被评价为无生存危机的物种。

"末流的猛禽"——乌鸦

布丰把乌鸦称作"末流的猛禽"，对它十分鄙视，并形容它"名气虽大，名声却臭，最无赖也最倒胃口"。这是因为乌鸦爱吃腐肉，而且即便捕猎活物时，也"欺软怕硬"，拣软柿子捏，专门捕猎幼兔和小羊羔。另外，乌鸦是杂食性动物，它们除了吃动物的血肉之外，还吃谷物、水果、鸟蛋以及昆虫，甚至死鱼。因此，布丰认为，乌鸦很贪婪，令人又恨又无奈。加之乌鸦的毛色阴森，叫声凄惨，"举止下流，目光无情"，看起来可怕讨厌，被人们视为不祥之物。

其实，严格说来，乌鸦属于雀形目，应为鸣禽。但乌鸦的叫声不悦耳，并被认为是不吉利的声音，因此，大家不愿意把它与那些鸟中的"歌王"相提并论。

乌鸦并非一无是处

平心而论，乌鸦并不像上面讲的那样一无是处。布丰也承认，乌鸦经过调教和训导，尤其它们上了年纪之后，野性也会收敛不少，甚至还能学会保护主人，对人产生依恋之情。

乌鸦是群居动物，它们常栖居在灌木丛中、老树枝头、古塔顶上、岩缝或墙洞里。

下面让我们认识一下鸣禽中那些讨人喜爱的"歌唱家"吧。

"两个黄鹂鸣翠柳"

黄鹂身上的羽色鲜黄。欧阳修诗曰："黄鹂颜色已可爱，舌端哑咤如娇婴"，可见黄鹂不仅颜色美丽，而且歌声像孩童那样娇滴滴的，温柔而令人愉悦。黄鹂嘴巴略呈弧形，翅膀尖长，尾巴短圆，羽衣鲜丽。它们鸣声悦耳，活泼好动，轻盈可爱，上下翻飞，举止有情，是人们最喜爱的鸟儿之一。

黄鹂数目众多，堪称森林的主人。每逢春夏时节，遍地花开，林木葱翠，它们的身影遍布山间、乡野、林中。因此，在中国古典诗词中有很多脍炙人口的名句吟咏黄鹂。比如，"漠漠水田飞白鹭，阴阴夏木啭黄鹂"（王维《积雨辋川庄作》）；"独怜幽草涧边生，上有黄鹂深树鸣"（韦应物《滁州西涧》）；"池上碧苔三四点，叶底黄鹂一两声，日长飞絮轻"（晏殊《破阵子》）。

羞怯的黄鹂

黄鹂生性胆小羞怯，不易见于树顶，故有上面所引的"叶底黄鹂一两声"的佳句。它们若是见到与自己个头儿差不多的鸟儿，便避之不及；若是不幸碰上百舌鸟，立刻逃之夭夭。黄鹂还是鸟类中的"爱家模范"，公黄鹂对下蛋期间的母黄鹂照料得无微不至，对刚破壳而出的雏黄鹂，更是呵护有加，精心养育。

黄鹂喜欢栖身于小树林、灌木丛、花园菜地，找昆虫和浆果吃。黄鹂到秋季也有迁徙行为，但不是集群迁徙。

圃拟黄鹂（奥杜邦　绘）

圃拟黄鹂是拟黄鹂科最小的种，遍布于美
国东部和墨西哥，羽毛黑色和栗色相间。

夜里唱歌的鸟儿——夜莺

　　夜莺是为数不多的在夜间唱歌的鸟类,它的羽衣虽不像黄鹂那么绚丽,但歌声却非常出众。夜莺的鸣唱音域宽广,富于变化,高亢明亮,婉转动听。

　　布丰赞美夜莺是魅力十足的鸟儿,擅长各种音乐。在美丽宁谧的春夜,夜空明朗,万籁俱寂,大自然神情专注地静候它悦耳的歌声。夜莺是森林中的精灵,它的歌声之所以如此迷人,是因为在寂静的夜晚吟唱,效果格外显著。夜莺独唱时,声音也放得开,断不会被其他声音所淹没。

安徒生童话中的夜莺

　　这个故事讲的是从前有一只唱歌悦耳动听的夜莺,被皇帝差人抓进宫里为他唱歌。尽管它长得并不好看,但它的歌喉动人心弦,感动了皇帝。皇帝把夜莺留在宫中,并给它重赏。但夜莺并不开心,因为它失去了自由。

　　后来,有人送给皇帝一只更漂亮的"夜莺",它浑身镶满了宝石,歌喉比前一只夜莺更动听。由于皇帝喜新厌旧,前一只夜莺趁机逃离,重获自由。

　　谁知后来的这只"夜莺"竟是假的!它肚子里面装着"音乐盒",只要拧紧发条,就能唱非常动听的歌曲。但不久音乐盒坏了,修理之后也不如从前唱得好了。

夜莺

　　几年后皇帝病危时,真夜莺又飞回来给他唱歌,皇帝大喜,竟奇迹般地被它的歌声救活了。皇帝请夜莺留在宫中,可是它说:我家在森林之中,但您什么时候需要我,我随时会回来给您唱歌。

好学舌的鹦鹉

鹦鹉是典型的攀禽，它们的脚是对趾足，即两个脚趾朝前，两个脚趾向后，适合抓握。鹦鹉种类很多，形态各异，羽色艳丽多样。它们模仿人类语言的能力较强，因而深得人们的喜爱，是常见的宠物鸟类之一。唐代诗人朱庆馀的诗中写道："含情欲说宫中事，鹦鹉前头不敢言。"因此，下次在鹦鹉面前说话的时候，可得当心哟！

鹦鹉的喙强壮有力，吃起种子和坚果来很给力。鹦鹉的分布很广，主要见于热带地区，尤其以拉丁美洲和大洋洲的种类最多。

常见的各种鹦鹉

比较常见的鹦鹉包括灰鹦鹉（即一般的鹦鹉）、亚马孙鹦鹉、南美大鹦鹉（即金刚鹦鹉）、短尾鹦鹉等。灰鹦鹉脾气温顺，聪明且有才华。它的羽衣似灰珍珠，尾巴朱红色。亚马孙鹦鹉来自亚马孙河流域，全身羽毛大部分为绿色，头冠为黄色、蓝色或红色。亚马孙鹦鹉美丽聪明、善解人意、长寿，因此很讨人喜欢。南美大鹦鹉是色彩最艳丽的鹦鹉，天性宁静。它们个头儿大，喙大，呈镰刀状，尾巴极长。短尾鹦鹉体形纤小，尾巴短，主要分布在亚洲。

美丽的孔雀

孔雀是以美丽著称的珍禽。布丰说，大自然将世间最美的色彩融汇于孔雀一身，使它成为华丽的代表作——冠羽轻盈灵活，以其艳丽的色彩装点了头部，全身羽衣美得无与伦比，如同一场视觉盛宴。孔雀个头儿大，身材苗条，举止庄严，高贵优雅，堪称大自然的杰作。孔雀雌雄异态，雄孔雀具有直立的蓝绿色枕冠，尖尖的形状。尾部有超长的覆羽，它向雌孔雀求偶时，

·孔雀·

将尾部竖起，尾屏也跟着竖起并向前，即"孔雀开屏"。缤纷的色彩如迷人的花丛，眼圈状的羽尖像一颗颗璀璨的宝石镶成耀眼的彩虹，美不胜收。

孔雀栖息于森林的开阔地带，成群结队；它们戒备心很强，胆小怕人。孔雀主要分布在南亚以及东南亚，中国云南也有。20世纪初，在非洲刚果也发现了孔雀。

世界上最大的鸟类

非洲鸵鸟被认为是当今世界上最大的一种鸟类，它高达2.5米，重达150多公斤。鸵鸟虽然长着翅膀，但却不会飞翔。它们生活在非洲的荒漠草地及稀树草原地带，主要以植物为生。鸵鸟尽管不会飞，可是跑起来比马还快，真可以说是"快步如飞"！非洲鸵鸟的脚上有两个脚趾。与非洲鸵鸟相比，美洲鸵鸟的脚上多出一个脚趾，故又称作三趾鸵鸟。美洲鸵鸟的个头儿比非洲鸵鸟要纤细得多，除此之外，两者的外部形态很相似。

松鹤延年

鹤是涉禽类鹤科里的鸟的总称。鹤的腿长，颈长，亭亭玉立，美丽高雅。它们主要栖息在水域边缘，如沼泽、浅滩、湖泊和水塘边的湿地，捕食昆虫、小鱼小虾、软体动物等，也吃植物的嫩芽、根茎和种子。鹤飞起来也很高雅，而且会飞得很高，在入冬之前会往温暖的地方迁徙。鹤的种类很多，以灰鹤的数量最多。在中国，白鹤、黑颈鹤及丹顶鹤都很著名。

在中国及其周边一些国家，鹤与松被视为长寿的象征，有千年鹤、万

鸣鹤成鸟，雄性（奥杜邦　绘）

129

年松的说法，因此，鹤又被称作仙鹤，书法条幅以及中国画作品中，常常以"松鹤延年"为题材，作为给老年人祝寿的礼品。

天鹅之歌

天鹅在游禽类中属于鸭科雁族，不仅是洁白而美丽的鸟，而且是高贵与圣洁的象征。布丰笔下的天鹅，相貌优雅，外形美丽，天性温柔，令人赏心悦目，喜爱甚至于迷恋。天鹅在水面上的活动舒适便利，自由高贵，堪称大自然中航行技术的典范。

天鹅喜欢群栖于湖泊与沼泽地带，以植物及螺类等软体动物为食。它们是一夫一妻制，相互忠诚，相伴终生，跟鸳鸯一样，是爱情之鸟。

西方传说描述，天鹅在临终前声音凄美动人，好似吟唱一曲生命的挽

喇叭天鹅（大天鹅）成鸟（奥杜邦 绘）

歌，故称为"天鹅绝唱"或"天鹅之歌"。现在一般用于比喻文人临终前的绝笔之作。因此，我们也可以说：《自然史》第36卷是布丰的"天鹅绝唱"或"天鹅之歌"。

身姿健美的海鸥

海鸥是最常见的海鸟之一，它们身姿健美，成群结队地游弋在海滨及海面，很受人们喜爱。但布丰在《自然史》中，惯常用拟人化的笔法来描述各种动物，他似乎非常讨厌食腐动物。大概因为海鸥有时会吃漂浮在海面上的、腐烂了的鱼以及船上的人们倒掉的残羹剩饭，因此，海鸥也被布丰视为懒惰贪婪、形象卑鄙的鸟。

· 海鸥（奥杜邦　绘）

不怕冷的企鹅

　　我们知道，很多鸟都畏惧严寒，入冬之前都会迁徙到温暖的南方。而企鹅是鸟类中少有的不怕冷的成员，它们大多生活在冰天雪地的南极地区。企鹅的羽毛短而密，防寒功能很好。它们体形肥胖，走起路来摇摇摆摆，一副笨拙的样子，加上性情憨厚，看起来很逗。它们主要以海洋浮游生物为食，善于游泳，但不会飞翔。

　　企鹅中最有名的要数帝企鹅和王企鹅了，它们身躯高大，颈部花纹艳丽，气质高贵，容貌不凡，颇有帝王之态，因此被称作帝企鹅和王企鹅。两者虽然是近亲，外表也相似，但是帝企鹅生活在南极冰盖上，而王企鹅则生活在气候较为温和的亚南极群岛上。

企鹅

"听取蛙声一片"

　　青蛙与癞蛤蟆是大家所熟悉的无尾两栖动物。它们头部扁平，长着一对大眼睛，头部两侧有两个凸出的小鼓包（即耳膜），嘴巴很大。它们前腿短，后腿长，在陆地上一跳一跳，可以蹦得老高，脚上生有蹼，在水里游泳很快。它们皮肤柔软，没有鳞片、羽毛或毛发，从皮肤上的细孔中不断渗出黏液来保持身体的湿润。由于它们不能完全脱离水，尤其是繁殖过程中，必须把卵产在水中，体外受精，孵化成蝌蚪后，经过"蜕变（或变态）"才能变成成体，上岸生活。正因如此，它们被称为"两栖类"动物。

　　蛙类喜爱鸣叫，但声音嘶哑，音调并不协调，布丰认为"青蛙大合唱"是一种聒噪的声音，单调而讨厌，让人的耳朵受不了。后来的科学研究表明，蛙类的合唱并不是胡乱唱，而是领唱、齐唱、伴唱应有尽有，相互配合紧密，颇有规律。大合唱的歌手主要是叫声响亮的雄蛙，它们的合唱声传播得很远，能吸引较多的雌蛙远道前来。

　　青蛙是捕食农田中的害虫的能手，因此，是对农民有益的动物。辛弃疾在一首词中写道："稻花香里说丰年，听取蛙声一片。"

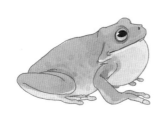

蝾螈不是蜥蜴！

在写作《自然史》的时代，连博物学家们都搞不清楚蝾螈究竟是哪一类动物，竟误把蝾螈当作一种不怕火的蜥蜴。直到现在，在中国民间，人们仍然称蝾螈为"娃娃鱼""四足鱼""火蜥蜴""潜水狗"等。

其实，现代动物学研究显示，两者并不难区分：蝾螈是两栖类，跟蛙类一样，蝾螈的皮肤黏糊糊的，既没有鳞片，也没有羽毛或毛发，体表裸露。而蜥蜴（如墙上的壁虎等）则属于爬行类，体表覆盖着鳞片。蝾螈的前足一般具有四个指（趾），而蜥蜴的前足则有五个指（趾）。此外，蜥蜴的指（趾）端有角质的爪尖，而蝾螈则没有。最重要的是，水栖蝾螈也像蛙类一样，个体发育要经历一个"蜕变（变态）"阶段。

光滑有图案

有进化变异过程

四趾

有鳞片

五趾

蝾螈是有尾两栖类

蝾螈拖着条长长的尾巴，行动比较缓慢。它们大部分栖息在淡水及沼泽地区，离不开潮湿的生活环境，多以水生昆虫以及其他小型水生动物为食。

大多数蝾螈的体色鲜艳美丽，但它们是有毒的，它们利用这种鲜艳的颜色警告来犯的敌人。当蝾螈受到攻击时，它们还会分泌出一种致命的神经毒素，把对手毒死。蝾螈广泛分布于北半球的温带地区。

接下来让我们看看几种真正的爬行动物。

苦撑慢爬的爬行动物

除了前面提到的蜥蜴之外，常见的现生爬行动物还有龟鳖类、蛇类、鳄鱼等。化石中的爬行动物，要数恐龙最有名了。一般说来，爬行动物的四肢从身体两侧横着伸出去，不便直立，行进中腹部常常会接触地面，因而，大多行动缓慢，故称其为爬行动物。只有少数体形轻捷的，可以较快地行进。此外，跟身体保持常温的哺乳动物不同，爬行动物是变温动物，它们的体温随着周围环境温度的变化而变化。

身背"避难所"的龟鳖类

龟鳖类俗称乌龟及老鳖，是爬行动物中最古老的成员之一，已经有2亿多年的历史，跟最早的恐龙差不多时候出现，可以说是恐龙的"同龄人"了。然而，恐龙早已在地球上灭绝了，龟鳖类却依然我行我素，不紧不慢、有滋有味地活着。

龟鳖类是很奇特的动物，身上长着非常坚固的甲壳，当面临危险时，可迅速把头、尾以及四肢统统缩回龟壳里面，就像背负着一个能够逢凶化吉、化险为夷的"庇护所"。大多数龟是杂食性动物，陆龟大多吃植物，而鳖类大多食肉。龟通常是水陆两栖的，也有长时间生活在海里的海龟，只有产卵时才需要上岸。龟是长寿动物，自然寿命有超过百岁的。曹操的《龟虽寿》一诗很有名，开头写道："神龟虽寿，犹有竟时"，意思是说，无论龟多么长寿，也有死的时候。同样，人生也有涯，我们不能虚度光阴。

 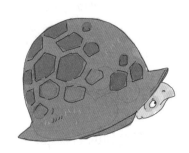

鳄鱼也不是鱼！

前面曾澄清过鲸不是鱼，而是哺乳动物。同样，鳄鱼也不是鱼，而是跟龟鳖类一样的爬行动物；它们卵生，变温，可以在陆地上爬行，是一种半水生动物。只不过鳄鱼喜欢在水中像鱼一样地嬉戏畅游，看起来"如鱼得水"而已，从而被冠以"鱼"的名称。

鳄鱼也是跟恐龙一样古老的动物，鳄鱼"家族"在地球上也已生存了2亿年之久，曾目睹了同时代恐龙的兴衰，也见证了鸟类与哺乳动物的崛起。因此，鳄鱼被称作"活化石"之一。

鳄鱼大多长着扁平的脑袋，长长的吻部，上下颌（即"嘴巴"）强壮有力，上面长有很多圆锥形牙齿；腿虽不长，但有利爪，趾间有蹼；鳄鱼皮厚并带有鳞甲，尾巴既长又厚重，可用作武器。

鳄鱼的眼泪

鳄鱼大多是肉食动物，一般来说，它们的攻击性很强。因此，在人们心目中，鳄鱼面目狰狞，其双眼位于头顶，目光阴险，眼皮坚硬并带有锯齿般的边缘，一副凶残无比的样子，令人望而生畏。现生的大型鳄鱼一般平均体长4米以上，重达300多公斤，其中还有两种是"食人鳄"，因此，有人谈"鳄"色变，也是不难理解的。在美国佛罗里达州的一些滨水景区，就有很多牌子警示游客："当心鳄鱼袭击！"

"鳄鱼的眼泪"是一句有名的西方谚语，传说中鳄鱼在吃人之前会流下虚伪的眼泪。其实，鳄鱼根本就不会伤心，而是通过"流泪"来排泄体内多余的盐分并润滑自己的眼睛。

鳄鱼

蛇与蜥蜴是本家

在现生爬行动物中，蛇与蜥蜴的亲缘关系最近，因而在生物分类上，它们同属于有鳞类。有鳞类是现生爬行动物中最兴盛、最庞大的类群，包括3000多种蜥蜴，近3000种蛇。蛇的身体细长，四肢退化，全身覆盖着鳞片。蛇的运动方式很独特，一种是蜿蜒运动，向前爬行，颇像流动的小溪。因此，柳宗元的著名散文《小石潭记》中，形容小石潭的水流动时，就用了"斗折蛇行"四个字。描述溪水像北斗七星那样曲折，水流像蛇那样蜿蜒前行，一静一动，简洁形象。蛇的另一种运动方式是履带式移动，因为蛇类没有胸骨，肋骨可以前后自由移动，推动整个身体直线前行，就像坦克履带那样移动。因此，尽管蛇没有腿，可移动起来倒是挺快的。

◆ 蜥蜴 ◆

五花八门的蛇

蛇的种类和数目都很多，体表的颜色与花纹也光怪陆离，变化多样。蛇会蜕皮，而且毕生一直会蜕皮。蛇可分为毒蛇与无毒蛇两类，一般无毒蛇的脑袋呈圆锥形，而毒蛇的脑袋呈三角形。尽管大家谈"蛇"色变，其实大多数蛇无毒，毒蛇相对较少。

眼镜蛇是东方最毒的毒蛇之一，它的毒牙尖利，体色艳丽，鳞光闪闪，颜色夺目。在北美，尤其是西部沙漠地区，有一种剧毒的响尾蛇。它的尾端聚集了能发出响声的鳞片，嵌合在一起构成"响铃"，移动时沙沙作响。

蟒蛇为蛇中之王，体形庞大强壮，但无毒。它看起来挺吓人，却无害。

蛇的食欲强，食量大；蛇分布很广，除了南极与一些海洋岛屿之外，几乎世界各地都可见到。

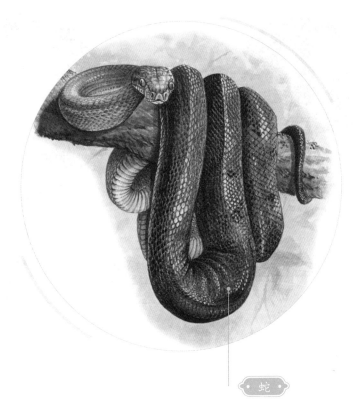

蛇

地球上数量最多的脊椎动物——鱼类

以上我们所讨论的，基本上是以陆生为主的一些四足动物。但地球表面四分之三左右的面积被海洋覆盖，即使在陆地上，仍然有河流、湖泊及水塘等，在这么多的水域中，生活着形形色色的鱼类。据不完全统计，现在地球上已知的鱼类有3.6万多种，比所有已知的四足动物加起来还要多。大多数的鱼终年生活在水中，它们是用鳃呼吸、变温的"冷血动物"。

现代鱼类分为两大类，按照有没有上下颌组成的嘴巴，分为无颌类及有颌类。现生的无颌类主要有盲鳗与七鳃鳗，有颌类则包括软骨鱼类（如鲨鱼）和硬骨鱼类（我们在餐桌上常见的绝大多数鱼）。

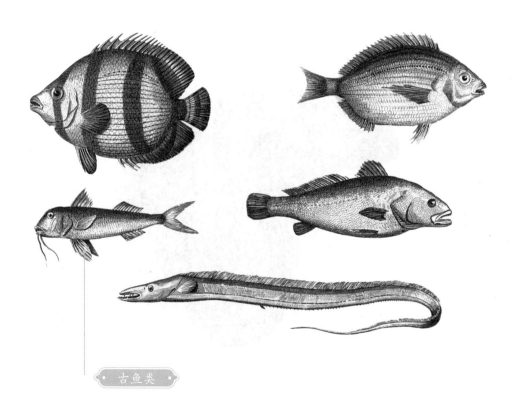

古鱼类

地球上最古老的脊椎动物

鱼类也是地球上最古老的脊椎动物，已经有近5亿年的历史。实际上，直到约4亿年前，地球上的脊椎动物只有鱼类，在那之后，才从鱼类中演化出最早的两栖类。因此，在距今4亿年至3亿年的古海洋里，几乎是古鱼类一统天下。它们的样子，跟今天的鱼类大不相同，大多数身上都戴盔披甲。其中很多是无颌类，也衍生出一些有颌类。两栖类就是从有上下颌的鱼类中演化而来的。到了大约2.6亿年前，古鱼类大多衰亡了，无颌类到如今只残存一两种。那么，现代的无颌类究竟长什么样子呢？

现代无颌类——七鳃鳗

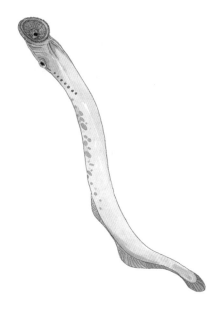

七鳃鳗和盲鳗是仅有的现今还活着的无颌类，七鳃鳗在地球上至少已经生存了3亿年。现生的七鳃鳗约有10个属，40多个种，广泛分布于寒、温带的淡水和近海水域，大部分生活在北半球，南半球只有2个属。我国仅有七鳃鳗属（*Lampetra*）一属。七鳃鳗身体细长，呈圆柱形，体表没有鱼鳞，乍看起来像鳗鱼。由于它的头部有七对鳃孔，因而被称作七鳃鳗。它只有一个鼻孔，而且长在头顶上。它也只有单个的鳍（背鳍、臀鳍和尾鳍，统称奇鳍），而不像其他的鱼那样具有成对的胸鳍和腹鳍。七鳃鳗的嘴巴特别厉害，它虽然没有颌，不能咬嚼食物，但是它的口呈漏斗状，里面有一圈一圈的、像锉刀一样锋利的"牙齿"。整个圆形嘴巴像个吸盘，能吸附在大鱼的身上食肉吸血。

名副其实的"吸血鬼"

七鳃鳗的食性相当奇特，甚至恐怖。虽然它的神经系统比较原始，但感觉和反应异常灵敏，只要在它周围30米以内有猎物游过，它便会像利箭一样直射而去，用吸盘状的嘴吸附在那倒霉鬼的身上。然后用锉刀般锋利的角质齿在宿主身上锉开一个窟窿，再用那活塞一样的锉舌吸食宿主体内的血液。

罗马恺撒大帝手下有个伯爵叫泊利奥，是个非常残忍的家伙。他在院子里的养鱼池里养着许多硕大的七鳃鳗。如果家中的奴隶做错了什么事，他就命令将其投入养鱼池中喂食七鳃鳗。

餐桌上的佳肴

其实，七鳃鳗并不是鳗鱼，但这并不妨碍它成为世界上一些人盘中的美味。在中国，似乎多用其肉入药，据说有通经活络、清肝明目和养血濡目的功效。但在日本料理中，七鳃鳗却是常见的佳肴。在俄罗斯、英、法等国，人们也捕捞七鳃鳗食用。不过，对它情有独钟的，当数葡萄牙人和西班牙人，近年来，他们从中国东北进口许多淡水七鳃鳗。据说，在这两个国家，七鳃鳗可卖到25美元一磅的高价，足见其名贵。在北美，有些印第安部落也会捕食七鳃鳗。在美国明尼苏达州北部，有些餐馆的菜单上也有七鳃鳗可供选择。

据说，11世纪末的英国国王"征服者威廉"的小儿子，也是他的继位者的亨利一世就特别喜欢吃七鳃鳗，几乎达到了暴食的程度，最终竟因为吃了太多不新鲜的七鳃鳗而一命呜呼了。

令人生畏的鲨鱼

如果你觉得七鳃鳗挺可怕的话，那是因为你还没见到鲨鱼呢！鲨鱼是软骨鱼类的代表，已经在海洋中生活了4亿多年。按在地球上居住的年龄算，它比恐龙的资历还老呢！鲨鱼身长可达20米左右，体重达500多公斤。它行动迅猛，锯齿状牙齿极其锋利，能够吞噬海豹与海龟。它力大无比，凶残而贪婪，被称为"海洋中的虎狼"。

跟我们熟悉的硬骨鱼类不同，鲨鱼的骨骼是由软骨和结缔组织构成的，因此，化石中得以保存下来的，大多是它们的牙齿。鲨鱼的身躯特别长，皮肤坚硬，脑袋扁平，眼睛小而圆，嘴巴能张得很大。在所有鲨鱼中，攻击性强的其实只有少数几种，以大白鲨最出名。

鲨鱼

日本料理中的生鱼片

我们日常生活中所熟悉的鱼类无非分为两类：一类是食用鱼类，另一类是观赏鱼类（如各种金鱼），它们中绝大多数属于硬骨鱼类。

在我们平常吃的鱼当中，大多是淡水鱼，如青鱼、草鱼、鲤鱼、鲈鱼、鲢鱼、鲫鱼等；常见的海鱼是黄鱼、带鱼、石斑鱼等。在日本料理中，最受欢迎的生鱼片来自金枪鱼。金枪鱼体形较长，粗壮而圆，呈流线型，是游动速度最快的海洋动物之一。它们远离海岸，成群结队，数目众多，常浮上水面休息。

形影不离的比目鱼

比目鱼身体扁平，身体表面的鳞片极为细密。双眼同在身体朝上的一侧，像"对眼儿"一样，故称"比目鱼"。比目鱼只有一条背鳍，从头部几乎延伸到尾鳍。它们主要生活在北大西洋、波罗的海、拉丁美洲及地中海等温带水域，是这些地方重要的经济鱼类。由于比目鱼的两只眼睛长在同侧，游动时需要两条同类别的鱼来辨别方向，故这种现象被用来比喻情侣之间成双成对，形影不离。因此，在古代中国，比目鱼象征着忠贞的爱情，唐朝诗人卢照邻曾有诗云："得成比目何辞死，愿作鸳鸯不羡仙。"

·比目鱼·

舒伯特的鳟鱼

鳟鱼体长，略呈圆筒状，后段稍侧扁，腹部圆。头挺大，呈圆锥形，吻钝，下颌稍微突出于上颌之前，上下颌长满弯曲尖利的牙齿。鳟鱼喜欢生活在海拔高的湖泊以及清凉明澈的山涧之中，能在激流中行进。鳟鱼跟中国东北的大马哈鱼亲缘关系很近。

作曲家舒伯特对鳟鱼情有独钟，他不仅为一首名为《鳟鱼》的艺术歌曲作曲，而且还根据这首歌曲，创作了著名的钢琴、低音提琴、大提琴、中提琴、小提琴五重奏，也名为《鳟鱼》。在西方古典音乐曲目中，《鳟鱼》五重奏是最为流行的室内乐作品之一。

鳟鱼

至此，动物史部分就结束了。我尽量选取的是大家所熟悉的一些动物，以期让大家进一步认识它们。

布丰的历史地位
与自然史的广泛影响

地位与成就

"出师未捷身先死"

按照原计划，《自然史》打算出版50卷。尽管布丰自1748年起，每年花8个月时间在故乡蒙巴尔专事写作，而且每天工作12—14小时，然而，由于《自然史》涉及的内容太广泛，篇幅实在太大，布丰在生前只完成了36卷，余下8卷是在他逝世后由其他人完成的。因此，《自然史》第一版总共出了44卷。1785年，布丰的身体状况开始走下坡路。1788年初，他感到自己剩下的日子不多了，便回到了巴黎，最后看一眼他终生经营的植物园。后来，他已经衰弱得不能出门，他的好友法国财政部部长的夫人每天来陪伴他，直至临终。1788年4月16日凌晨2点，布丰安详地在巴黎住所去世，享年81岁。

尽享哀荣

布丰的葬礼于1788年4月18日在巴黎举行，当时的法国政要、科学院院士们以及各界名流出席了葬礼，街道两旁2万多巴黎市民为他的灵车送行。对于法国人来说，这是历史性的一天。近一个世纪之后，雨果曾感叹道，布丰为新一代的博物学家们扫清了障碍，铺平了道路。

布丰的去世也标志着一个时代的结束。比如，在此之前，因为布丰，林奈在法国几乎无人知晓。因此，布丰的去世，使法国博物学家中林奈的追随者们暗自庆幸。据说，年轻的博物学家居维叶当时只说了一句话："这一次，布丰伯爵死了，葬了。"

一生功成名就

布丰生前是当时世界上最著名的博物学家，他于1753年被荣选为法国科学院院士，登上了法国科学界的巅峰。1777年，法国政府给布丰建造了一座铜像，底座上用拉丁文写着："献给跟大自然一样伟大的天才。"

因此，布丰不仅早年在社会身份上跻身贵族，而且后来在科学方面的贡献，也使他在科学界成为"贵族"。他不仅是法国科学院院士，也被欧洲主要国家的科学院接纳为成员。此外，他的博物志巨著的成功，使他的书走进了千家万户，他成了法国家喻户晓的名人，并被法国国王路易十五授予"布丰伯爵"的爵位。

布丰的故乡蒙巴尔的古塔成为供人朝拜的地方，卢梭曾跪在门槛边，俯吻地面，普鲁士王子也曾前去访问。叶卡捷琳娜大帝虽未能亲往，却写信赞扬他是仅次于牛顿的人物。

身后盖棺论定

根据布丰的遗愿，死后第二天，对其尸体进行了解剖，心脏捐献给了医学研究机构，开颅后发现他的大脑"比普通人稍大一些"，他的膀胱中有57颗结石。他逝世之后，还为人类的科学事业做出了最后一次贡献——将遗体献给医学研究。

布丰的科学院同事们对他一生的贡献赞誉有加，连他生前的一位"宿敌"也不得不承认，布丰一生勤奋，在科学上有很多建树；他先知先觉，文笔优美，是伟大的科学普及者，其历史地位堪比亚里士多德和普林尼。

讨论进化的第一人

现代进化论的先驱

布丰是现代进化论的先驱者之一，他不相信地球只有6000年历史，估计地球的历史至少长达50万年，甚至300万年以上。在研究动植物以及化石的过程中，布丰注意到两项事实：一是古代生物和现代生物有明显区别；二是退化的器官，比如，猪的侧趾虽已失去了功能，但内部的骨骼仍是完整的。这些事实引导他最初形成了进化的观点。

他认为物种是可变的。生物变异的原因在于环境的变化；环境变了，生物会发生相应的变化以适应新的环境。结果，这些变异会遗传给后代（获得性遗传）。他相信构造简单的生物是自然产生的，而不是上帝创造的；复杂的生物是由简单的生物演化而来的。

"跟我的昏话一样"

达尔文是在赫胥黎的推荐之后，才发现和阅读了布丰的著作。之后，达尔文在写给赫胥黎的信中不无调侃意味地说，布丰的书中"满纸荒唐言"，跟他的一些昏话几乎一模一样！

因此，达尔文在《物种起源》第三版出版时，写了一篇很长的序言，介绍了在他之前"人们对物种起源认识进程的简史"，其中写道："……有少数博物学家，相信物种经历过变异，并相信现存的生物类型均为以往生物类型的真传后裔。姑且不谈古代学者在这一问题上的语焉不详，即令在近代学者中，能以科学精神予以讨论者，当首推布丰。"达尔文承认，布丰是真正科学地讨论进化论的第一人。

生态学与生物地理学的奠基人

我们前面谈到，跟十分注重生物分类的林奈相比，布丰更注重生物与其周围环境的关系。这是生态学所研究的内容，因此，也可以说布丰开创了生态学的研究。

同时，由于关注生物与其周围环境的关系，布丰很自然地十分注重动植物在地球上的地理分布，也会比较不同气候条件对动植物的影响。这是现代生物地理学的研究领域，因此，布丰也是生物地理学的奠基人。

比如，生活在旧大陆上的非洲象、犀牛及河马等，在新大陆的美洲却见不到它们的踪影。此外，一些大型的猫科动物，如狮子、老虎和豹子等，新、旧大陆均有各自十分不同的种类。这究竟是什么原因呢？

是退化还是进化?

同样认为物种是可变的,生物发生了演化,现在不少人误认为是"进化",而布丰那时却强调"退化"。后来的达尔文学说认为,生物演化无所谓进与退,生物总是朝着适应环境变化的方向演化。

布丰在《自然史》中系统地阐述了美洲四足动物和印第安人在生物特性上的退化,比如,同类型的动物,新大陆的种类都比其旧大陆的祖先种类的体形要小,生育能力要低,并且认为其主要原因在于美洲大陆恶劣的自然环境。比如,非洲狮大于美洲狮,非洲豹大于美洲豹等。这就是后来所谓的"美洲退化论"。

布丰的这种理论,得到了"欧洲中心主义者"们的大力支持。从1768年起,先后有好几位欧洲"学者"著书立说,进一步发展布丰的"美洲退化论",把欧洲移民后裔以及北美洲的美利坚人都作为退化的例证,去证明新大陆的"气候不利于人或动物的改进",这自然引起了美国人的强烈反感。

杰斐逊亲自出马

美国第三任总统杰斐逊,在1784年去法国赴任美国驻法大使之前,曾看到在费城的一家皮货店门口摆着一张巨大的豹子皮,他当即买了下来,带到法国去,要让布丰亲眼看到美国的豹子并不小。

但直到1786年初,杰斐逊才最终见到布丰,布丰在他的皇家植物园接待了这位美国贵宾。在交谈中,杰斐逊发现布丰对美洲的大型野生动物并不怎么了解,便向他介绍了美国生存的许多大型野生动物。之后,杰斐逊还让人把美洲大角麋鹿以及美洲野牛等大型动物的毛皮、骨骼以及角的标本直接寄给布丰,其目的是说服布丰,让他知道美洲的动物并不比欧洲的小。

面对事实,布丰只好应允《自然史》再版时进行修正。然而,没等到再版,布丰就与世长辞了。不过,从这两件事可以看出杰斐逊还是挺较真儿的。

比较解剖学的开创人

　　布丰在写作《自然史》的过程中比较了大量的动物，他发现，所有的四足动物的基本骨骼结构十分相似，尽管它们的生活方式各不相同。比如，它们都有头骨、四肢，以及由一系列脊椎骨组成的一条脊柱。尤其是四肢里面的骨头排列很相似，不管是飞翔的蝙蝠，还是行走的猪、马、牛，或者挖洞的鼹鼠，以及游泳的蛙类和龟鳖类，它们组成四肢的骨头的数目和排列方式都很相像，他称之为"类型统一"。

　　从"类型统一"这一概念，后来发展成了脊椎动物比较解剖学。布丰的学术继承人居维叶，于18世纪末至19世纪初在法国国家自然历史博物馆正式建立了这门学科，后来，他本人也成为当时世界上最著名的脊椎动物比较解剖学家。

　　布丰还指出，猪蹄子上的脚趾，只有中间两个是走路时着地用的，而两侧的脚趾根本就不着地，一点儿用处也没有，但为什么会生在那里呢？这只能说明这是从共同祖先那里遗传下来的，绝不会是造物主"精心"设计的！

支持进化论的又一证据

从上面可以看出，"类型统一"这一概念，即脊椎动物比较解剖学原理，是支持进化论的又一有力的证据。事实上，大约100年后，达尔文写作《物种起源》时，把脊椎动物比较解剖学方面的证据作为支持生物进化论的几个重要方面的证据之一。这大概也是达尔文称布丰为"近代以科学精神讨论进化论的第一人"的原因之一吧。

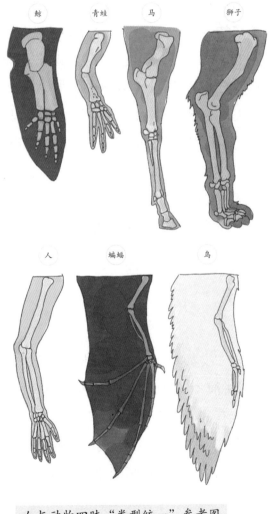

人与动物四肢"类型统一"参考图

自然主义文学巨著

布丰在写作《自然史》时，以皇家植物园收藏的大量实物标本作为"原型"，对大自然的产物进行了客观细致的描述和科学的解释。近300年来，这套博物志的文学成就，也受到了普遍赞扬。布丰文笔细腻生动，笔端常带感情，对各类动物进行了形象的、拟人化的描写，读来生动活泼，趣妙横生。随着科学的迅速发展，《自然史》的科学价值显得不再像当初那么重要，但仍然不失为一部高尚优雅的自然主义文学作品，也许这就是它至今还在不断印行的原因吧。正如著名法国文学研究专家郭宏安先生所指出的，"如果说布丰的《自然史》在科学性上多少已经过时，它在文学性上却值得我们一读再读。吸引我们的不仅仅是它的风格的壮丽、典雅和雄伟，还有它的细腻而富于人性的描绘，特别是一幅幅洋溢着诗意而又细致入微的动物肖像"。

"文如其人"

法语中有句名言："文如其人"或"风格即人"，即来自布丰在荣选法国科学院院士时的著名讲演《风格论》。他的原话直译成中文是："风格属于个人。"卢梭曾盛赞布丰有18世纪最美的文笔。

从科学到文学艺术，法国素有崇尚大自然的光荣传统。自布丰的《自然史》到法布尔的《昆虫记》，以至法国印象派绘画大师塞尚、莫奈等讴歌大自然的作品，都反映了一脉相承的学术传统与人文情怀。这大概就是风格的力量吧。

自然历史博物馆事业的鼻祖

布丰在执掌皇家植物园近半个世纪的时间里，广为收集了世界各地的动植物、矿物等博物学标本，皇家植物园内的众多"奇珍柜"，也是后来的自然历史博物馆的雏形。法国大革命之后，新政府在此基础上，正式建立了法国国家自然历史博物馆。及至19世纪，以英国为首的欧洲新兴资本主义国家，开始对外大规模扩张，殖民主义者以及博物学家们，从世界各个角落带回在当地采集的五花八门的博物学标本。这也是近代欧洲博物学发展的黄金时代，而德国的洪堡、英国的达尔文与华莱士，便是那个时代家喻户晓的博物学家代表人物。无疑，布丰是近代自然历史博物馆事业的鼻祖。

杰出园艺家

布丰不光是书斋里的学者，还是卓越的实践家。他为海军培植造军舰的木材，还建过一个炼铁厂，为国王的军队造大炮。也正是在那个炼铁厂里，他让人铸造了大铁球，测量其冷却速率，用来估算地球的年龄。

此外，布丰也是杰出的园艺家，他不仅设计了围绕着法国国家自然历史博物馆直到塞纳河畔的景观，还研究与培植了道路两旁的行道树。中国的上海、南京、苏州、贵阳花溪等地，马路两旁栽种的法国梧桐，也得归功于布丰呢。总之，布丰留给后世的不仅有《自然史》，还有替夏日街道撑起了一把把巨伞的法国梧桐。更重要的是，他的科学探索精神与人文情怀，永远激励着我们崇尚自然，求真励志，臻美向善。

苗德岁，古生物学家。毕业于南京大学地质系，中国科学院古脊椎动物与古人类研究所理学硕士。1982年赴美学习，获怀俄明大学地质学、动物学博士，芝加哥大学博士后。现供职于堪萨斯大学自然历史博物馆暨生物多样性研究所，自1996年至今任中国科学院古脊椎动物与古人类研究所客座研究员。

1986年，苗德岁荣获北美古脊椎动物学会的罗美尔奖，成为获得该项奖的第一位亚洲学者。除在《自然》《科学》《美国科学院院刊》等期刊发表古脊椎动物学研究论文30余篇外，还著有英文古脊椎动物学专著一部，并编著、翻译、审订多部专业、科普及人文类的中英文著作。曾任《北美古脊椎动物学会会刊》国际编辑、《中国生物学前沿》（英文版）编委以及《古生物学报》海外特邀编委，现任《古脊椎动物学报》和Palaeoworld（《远古世界》）编委。

2014年，苗德岁出版的《物种起源（少儿彩绘版）》一书，先后荣获国家图书馆文津图书奖等15个各级奖项。